Le Grand Cours de Cuisine de

L'ATELIER DES CHEFS

巴黎No.1烹飪教室的
經典料理教科書

71個現學現用的廚房技法 ✕ 36道為你贏得讚美的人氣菜色

廚神坊 Les Chefs de l'Atelier des Chefs——著　蔣國英——譯

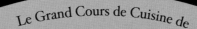

Le Grand Cours de Cuisine de

L'ATELIER
DES
CHEFS

巴黎No.1烹飪教室的
經典料理教科書

71個現學現用的廚房技法 ╳ 36道為你贏得讚美的人氣菜色

廚神坊 Les Chefs de l'Atelier des Chefs——著　蔣國英——譯

使用說明

如何使用QR code？
1. 上app商店下載免費的QR code掃描軟體

2. 開啟QR code掃描軟體
3. 將智慧型手機對準書中的QR code
4. 即可進入影片網頁

技巧

副標

技法名稱
清楚易讀，便於翻查。

章節標題

技巧查詢碼
連結食譜中所需的
技法，查詢容易。

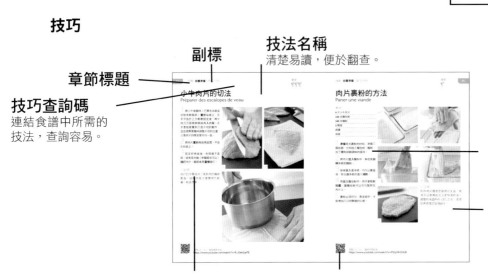

順序步驟圖
以圖示説明每個步驟中的
動作，更利於掌握順序。

小訣竅
主廚傳授的小技巧讓每次
的實作都易成功。

作法流程
簡易又詳細的步驟説
明讓料理更易上手。

影片
透過QR碼可以直
接瀏覽技巧影片。

食譜

副標　　**食譜名稱**

章節標題

**準備時間
烹煮時間**

食材
依食譜中出現的
先後順序排列

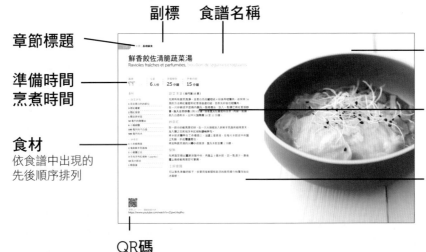

圖片
精美有質感的照片，讓人
垂涎三尺。

步驟
簡單明瞭的步驟説明，讓
料理更易上手。

主廚的建議
選擇好食材的技巧、變化
食譜的點子或擺盤的藝術
等，讓料理更充滿樂趣。

QR碼
透過QR碼的掃瞄，可以輕鬆瀏覽主廚親自示
範的食譜教學影片，並可提出問題。

想要跟主廚提問嗎？請上網站 **www.atelierdeschefs.fr**

序

料理讓生活增添光彩！輕鬆，歡樂和創新是掌握料理最重要的元素。在廚神坊裡，我們打賭能讓您學到好手藝並拾回對美味的渴望……

12年前，廚神坊的主廚們決定把他們對料理的熱情帶入您的生活，並且試著將料理和樂趣結合在一起。我們衷心希望能與您分享這份我們熱愛的工作。主廚們的目標是：介紹給您簡單易學又能在家實作的主廚料理。除了能讓您飽享美食外，相信必定也能使您的親友對您刮目相看！我們的主廚不但個個都是堅持美味和美感的專家，他們身上更有份與大家分享和宣揚料理的使命。以本身的專業，加上循序漸進的說明，將帶您進入精緻味覺的世界。只要備好一份對美味的追求，一小撮清晰分明的組織能力，一瓢大方的熱情，以及幾樣大家耳熟能詳的器具和食材，您就已經準備好踏上這趟美味之旅了！

這本書是經過十幾年，分享了無數既簡單又讓人為之驚豔的食譜後所累積的成果。不論是家常菜、節慶食譜或鹹食，您都可以在其中找到。為了能掌握廚藝技巧及各類食材，《巴黎 No.1 烹飪教室的經典料理教科書》將超過 70 種的技法詳盡地分門別類，再透過 36 款色彩繽紛又美味的食譜讓您輕鬆地上手實作。很快地，熟練的技巧和對料理知識的掌握將使您成為廚房裡閃耀的明星！

本書所有的技法和食譜都經由我們的主廚親自實作過。依著步驟詳細的照片圖解，以及透過QR碼，或者是經由每頁下方的網站連結到影片，您立刻就會覺得主廚就像在您身邊般陪著您一起做料理！

從現在開始就跟著《巴黎No.1烹飪教室的經典料理教科書》這本書，依照您的喜好挑選技法和食譜來嘗試，讓您的廚房每日都充滿活力與歡笑。

希望我們很快能見面！
廚神坊團隊

廚神坊

廚神坊的任務：讓法國人回到廚房裡

一般來說，法國人都是熱愛美食和料理的。但是，隨著現代生活緊湊的步調和越來越少自由運用的時間，漸漸地，他們也遠離了廚房。功能性取代了廚房裡原本輕鬆歡樂的一面，這也使得創造美味和分享的樂趣漸漸消失。於是，冷凍食品和冷凍調理包一點一滴地進入並佔領了廚房。

但是，也就在二十一世紀初的同時，一個新趨勢開始嶄露頭角：因為法國人感受到了一種需要，倒不是想回歸到作料理這嚴肅的基礎上，而是想要學習一些能讓他們自己下廚做一餐飯，以便享受這難得美好時刻的廚藝基本技巧。廚神坊正是為了這樣的需求而設立，這可視為是一個廚藝課的新時代。

12年之間，我們在法國、倫敦和杜拜等地一共開了19間教室。我們謹記在心並努力做到的是讓您在廚房裡度過一段美好的時光，並在離開教室時看到您的嘴角仍帶著微笑。在課堂上，您將學到的是在家裡也能輕鬆上手的基本技巧，並為您的家人和朋友帶來歡樂。

適合所有人和各種主題的課程

廚神坊打造了一個溫暖輕鬆的環境，並於其中提供豐富的選擇。教室每日都有許多課程可供選擇，從半小時到4小時皆有：早上、中午或是晚上的時段。不論是初學或是已經有經驗的廚師，您都可以選到最適合您的課程：

- 《輕食》利用午餐休息的時間，用少少的半個小時，做一道簡單美味的料理。
- 《60分鐘》做一道餐點和甜點。
- 《套餐》一道前餐，主菜，以及一道當季的甜點。
- 《主廚之桌》聽聽專家針對當季或者稀有食材在料理、技法、擺盤和準備上的建議。
- 《甜點》利用2小時跟主廚學重要的基本技巧，並實作著名的傳統法式甜點。
- 《主廚技法》學習並熟悉主廚慣用的技法，實作3款當季的食譜。

廚神坊從幾年前開始，針對公司開設兼具輕鬆休閒又能增進團隊默契的一系列團體課程。一起做料理並分享成果：這是一種能增進專業團隊凝聚力，提高與顧客互動能力的有效方式。

從2004年七月教室成立以來，廚神坊已經和各行各業的公司合作過許多這類的課程。我們的團隊會針對每一個公司的需求和期待，設計客製化的料理課。

學習廚藝的理想場所

帶領您的主廚們，都是曾在著名的餐廳待過，擁有多年經驗的主廚。日積月累的經驗使他們對食材有著一份特殊的情感，也讓他們練就了熟練精準的技巧動作，以及對料理藝術細緻的敏銳度。廚神坊為您提供的正是擁有這些本領的專才。

為了讓您能清楚地看到主廚的動作，並且跟著做，課程都是公開透明地進行。廚藝教室四週都是玻璃落地窗，讓您在學習作菜的同時，享受視覺上的美感。

關於本書

這本以十幾年經驗累積而編訂的書讓您重拾料理和分享的樂趣。您可以在其中找到超過70種步驟清晰的技法，還有50款搭配優質圖片的美味食譜讓您在家實作。

有了這本書，就像擁有一位在您身旁，隨時可以給您建議的主廚一般。倘若您已熟練書中所有基本的技巧，也歡迎您報名廚神坊的課程，或者是直接透過網路，在家中和我們的主廚同步做料理。

您也可以上我們的網站www.atelierdeschefs.fr看到更多最新發表的食譜。

目錄

第一章　技巧

技巧 -1-

基礎鹹食

蔬菜刀工
Tailler les légumes

1 **切絲：**將已經去皮的紅蘿蔔切成小段（約 5 公分的長度），再縱切成薄片。將薄片疊齊後，自長邊下刀切成細絲。

2 **切條：**先將去皮的紅蘿蔔切成段，縱切成厚度 0.5 公分的片狀後，再順著長邊切成寬 0.5 公分的長條。

3 **切細丁：**將前述步驟 2 的蘿蔔條排成小束後，依間隔 0.5 公分切成細丁。

4 **切丁：**將紅蘿蔔去皮縱切為二，切面朝下平放後再縱切，之後將長條以間距 1 公分的方式切成丁。

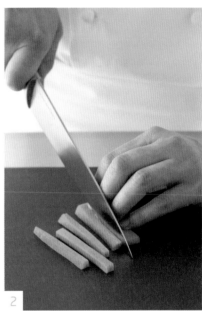

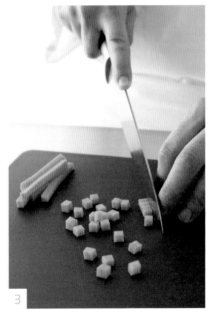

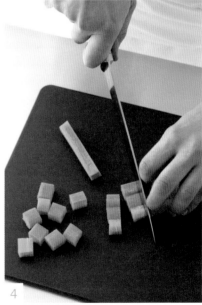

掃描QR Code，讓廚師教你做：
https://www.youtube.com/watch?v=N89i9L8bx6s

5

6

5 **切細片：**紅蘿蔔去皮後縱切為二，再縱切一次，接著切成薄約 0.1 公分的細片。

6 **切斜圓片：**將整根紅蘿蔔斜切成片（最好選擇頭尾粗細差不多的紅蘿蔔）。

小訣竅：蔬菜切出的大小形狀依食譜和烹煮方式各有不同的需求。必須依此來做為選擇刀工的考量。一般説來，烹煮的時間越短，食材就要切得越細薄。

細切和碎切洋蔥或紅蔥頭
Ciseler et hacher des oignons ou des échalotes

1 **剝除**洋蔥外層後，將底部平整地切除，但不要切掉過多，因為這部位能將層層的洋蔥片穩穩固定住，接下來細切時洋蔥層才不易滑散。

2 **縱切**洋蔥為二，切面朝下放好後，刀尖自根部端刺入，但注意不要將根部端劃開，以縱向的方式，一刀接一刀地切劃到底，並保持間隔緊密一致。

3 **轉向**洋蔥四分之一圈，方便操刀，接著再以橫剖的方式，自底部開始，往上平切兩到三次，同樣注意切至根部時不要切斷。

4 **按壓**固定好洋蔥，另一手持刀開始垂直細切洋蔥。

5 細切完成之後，剩餘的洋蔥根部即可丟棄。如果想**碎切洋蔥**，可以一手握刀柄，一手按壓於刀尖上緣部位，以左右手來回碾壓的方式將洋蔥切得更細碎。

1

2

3

4

5

小訣竅：
如要避免洋蔥刺激眼睛流眼淚，可使用磨得極為鋒利的刀子，並在通風良好的地方切，否則就要考慮戴潛水面罩！

掃描QR Code，讓廚師教你做：
https://www.youtube.com/watch?v=fy6h5WV1n48

細切和碎切調味香料草
Ciseler et hacher des fines herbes

1 **細切蝦夷蔥：**先將蝦夷蔥變黃或萎凋的部分摘除，順向排放整齊，切除根部，再依烹調所需的外型規律快速地來回下刀細切。

2 **細切羅勒葉：**先將葉子摘下，然後把幾片葉子重疊擺好，縱向將這疊葉子稍稍捲起，以手指按壓固定，另一手持刀來回細切。這個刀法適用於葉型較大且鮮採的香料草，像是薄荷和鼠尾草等。

3 **細切和碎切巴西里：**先將葉子摘下，在砧板上將巴西里葉收攏壓實成小堆，慢慢將葉子切細。再將一手置於刀尖的上緣，兩手來回按壓，將巴西里葉切得更細碎。這個方法適用於以下幾種鮮採的香料草：**龍蒿、細葉芹、香菜、迷迭香、百里香、馬鬱蘭**……等。

4 這些不同的刀工都需要一把磨得鋒利的刀子，以避免切的過程中，葉片太快氧化變黑。

1

2

3

小訣竅：
將香草束放入一大盆清水中洗過，取出輕輕甩掉多餘的水分，再置於吸水紙上。如要保存，可用沾濕的吸水紙包覆香草，莖部置入水中，存放於冰箱。

4

掃描QR Code，讓廚師教你做：
https://www.youtube.com/watch?v=UUJtx4umKsY

蔬菜高湯的製作
Réaliser un bouillon de légumes

食材

2 顆洋蔥	
4 根紅蘿蔔	
200 克洋菇	
1 支韭蔥的蔥白	
2 公升水	
幾段巴西里的細莖	
1 顆蒜瓣	
5 顆黑胡椒粒	
橄欖油	

器具

1 個深鍋

1 個濾網

1

2

3

4

1 在一只深鍋中倒入橄欖油並**加熱**，放入洗好瀝乾並切塊的蔬菜。

2 **加熱持續煮**幾分鐘並不時攪拌，直到表面微微上色。

3 加水至**蓋過**食材，約高出 2 公分處，放入巴西里、蒜頭和黑胡椒粒煮至沸騰。

4 繼續以微滾不加蓋的方式**煮** 1 至 1 個半小時，讓湯汁收至約 ⅓ 的量。

5 用濾網將湯汁過濾，然後倒掉剩下的食材。如果不需要立即使用高湯，最好立刻將濾過的湯汁置於冰塊上使其快速地冷卻。

小訣竅：
可將高湯冷凍保存，直到需要時再取出。

5

掃描QR Code，讓廚師教你做：
https://www.youtube.com/watch?v=XiE_WtwpPsY

清奶油的製作
Préparer un beurre clarifié

器具

1 只鍋

1 支湯匙

1　將奶油**切**成小塊，放入鍋中慢慢加熱至乳漿（白色）與乳脂（黃色）分離。

2　**離火**，並用湯匙將表層浮沫仔細撈除。

3　將清奶油慢慢**倒入**另一容器，小心不要將乳漿倒入。

4　最後鍋裡只剩下乳漿，可以倒掉。清奶油可以直接存放於室溫下備用，但如果不會立即用到則需放入冰箱保存。

小訣竅：

若有較多的時間，可以將奶油加熱融化，倒入另一個容器後，再放入冰箱靜置一晚，使乳脂和乳漿分離並且變硬。自冰箱取出後由上往下壓，下方的乳漿會上浮溢出，再將之倒掉。最後用湯匙輕輕刮除表層的泡沫即完成。

掃描QR Code，讓廚師教你做：
https://www.youtube.com/watch?v=pRHCd-W04B4

奶油麵糊和貝夏梅爾濃醬的製作
Préparer un roux et une sauce béchamel

食材

25 克 +**10** 克奶油
25 克麵粉
½ 公升牛奶
細鹽
胡椒
刨成細末的肉豆蔻

1 把 25 克奶油放入鍋裡，慢慢加熱**融化**。

2 **倒入**麵粉並用打蛋器攪拌。

3 以小火慢慢**加熱**並不停地攪拌，漸漸會形成濃稠的慕斯（也就是所謂的「蜂巢」），繼續加熱直到外觀呈些微的金黃色澤。

4 慢慢**倒入**冷牛奶，同時不停地攪拌以防顆粒形成。加熱攪拌直到沸騰。

掃描QR Code，讓廚師教你做：
https://www.youtube.com/watch?v=d4yxXJpsO1A

5

6

7

5 沸騰後以小滾的方式**繼續加熱**，並且仍不斷地攪拌約 8 到 10 分鐘。

6 **判斷**濃稠度的方式是將湯匙沾裹濃醬後取出，以手指在湯匙背面劃過一道線，如果線條痕跡清楚地留著就表示濃度剛好。

7 加入鹽、胡椒，及肉豆蔻末**調味**。最後拿一塊奶油在濃醬表面沾點，形成保護層，這樣可以防止醬汁表層因與空氣接觸而形成薄膜。

小訣竅：
貝夏梅爾濃醬成功的小訣竅在於要掌握奶油麵糊和牛奶間的溫度差。貝夏梅爾濃醬一定要加熱至沸騰，但不能加熱過久，否則醬汁就會變稀。

荷蘭醬的製作
Réaliser une sauce hollandaise

食材

4 顆蛋黃

4 湯匙冷水

250 克清奶油

數滴黃檸檬汁

細鹽

胡椒

器具

1 只鍋

1 支湯匙

1 個打蛋器

1 將蛋黃**放入**鍋裡並加入 4 湯匙的水。也可以用熬煮過的紅蔥頭汁或是白酒來代替。

2 以打蛋器**攪打**，使之漸漸成慕斯狀，接著以非常小的火慢慢加熱沙巴雍醬。（譯註：沙巴雍醬是蛋黃和液體一起攪打成的醬汁。）

3 沙巴雍醬汁的體積會慢慢增大成慕斯狀。當沙巴雍醬溫度接近 60℃時**離火**，攪打時每一次都要使打蛋器觸碰並劃過鍋底，讓鍋子底面清晰可見。

4 將清奶油慢慢倒入並同時用打蛋器攪拌使之**均勻融入**。

掃描QR Code，讓廚師教你做：
https://www.youtube.com/watch?v=oMTIRxXdyU8

5

6

5 將細鹽、胡椒和檸檬汁加入醬汁內拌勻**調味**。

6 完成後加蓋置於室溫或溫暖的地方**保存**。

小訣竅：

荷蘭醬成功的祕訣在於蛋黃和奶油比例的掌握（並非奶油多就好）。如果加熱過程使奶油的溫度過高，醬汁就會失敗，若溫度不足也會。修正的方法就是在第一種情形時加些冷水，若是後者則加些溫水。

白奶油醬的製作
Préparer un beurre blanc

食材

2 顆紅蔥頭

125 克奶油

100 毫升白酒

100 毫升白醋

細鹽

胡椒

1 束法國香草束 *

器具

1 把刨刀

1 個濾網

1 將紅蔥頭外層薄膜**剝除**並切成小碎丁。奶油**切成**小塊後置於冷藏存放。將紅蔥頭末、白酒、白醋、鹽、胡椒和法國香草束放入鍋中並**拌勻**。

2 **加熱至沸騰**，然後慢慢**熬煮**至只剩大約 20 毫升，也就是約 2 湯匙的量。

3 **加入**奶油後，以打蛋器用力快速攪打使醬汁均勻混合，同時讓醬汁維持在小滾的狀態。

4 以濾網**過濾**，即完成備用的白奶油醬。以隔水加熱的方式，將溫度維持在 60℃左右保存醬汁。

小訣竅：

若要維持白奶油醬汁質地穩定，避免油水分離，可加入一點全脂液態鮮奶油，再次加熱至沸騰即可。

編註：法國香草束，常見的是由百里香、月桂葉加上其他香草組合而成，可依個人喜好加上鼠尾草、迷迭香、羅勒等香草，再使用料理用棉線綑在一起即可。

掃描QR Code，讓廚師教你做：
https://www.youtube.com/watch?v=T1wVqV1Q4HE

法式芥末油醋醬的製作
Réaliser une vinaigrette

食材

20 克法式芥末醬

15 毫升的醋

50 毫升的油

細鹽

胡椒

器具

1 支小打蛋器

1 將法式芥末醬和調味料**倒入**大碗中。

2 接著**倒入**醋，以小打蛋器攪拌均勻。

3 慢慢**倒入**油。

4 攪打至醬汁**均勻混合**，並依各人喜好調味。

5 最後會形成均勻濃稠的法式芥末油醋醬。冷或溫熱的方式，皆可用來搭配肉類、禽類，或是魚類的料理。

1

2

3

4

5

小訣竅：

若想要快速的做好法式芥末油醋醬，可以將所有的食材放進一個有蓋的容器內，將蓋子蓋緊後用力快速搖動讓食材均勻混合。

掃描QR Code，讓廚師教你做：
https://www.youtube.com/watch?v=7e-j9yRW-Vg

法式美乃滋醬的製作
Préparer une sauce mayonnaise

食材

2 顆蛋黃

15 克法式芥末醬

30 毫升的醋

300 毫升花生油

細鹽

胡椒

器具

1 個大碗

1 支打蛋器

保鮮膜

小訣竅：
注意一開始不要倒進太多的油，並且盡量選用容量適中（切勿過大）的容器。

1　在大碗裡**放入**蛋黃、法式芥末醬、細鹽、胡椒和醋。以打蛋器快速用力地攪打使食材混合均勻。

2　將油慢慢倒入，同時用打蛋器繼續快速攪打，使之**均勻混合**。最後會形成濃稠滑順的質地。

3　**試試**調味是否合宜。

4　將濃醬倒入乾淨的容器裡，覆上保鮮膜後放入冰箱**保存**。

掃描QR Code，讓廚師教你做：
https://www.youtube.com/watch?v=OGyG-EUPXx8

青醬的製作
Réaliser un pesto

食材

1 顆蒜瓣

1 把羅勒

30 克松子

150 毫升橄欖油

30 克刨成細末的帕瑪森乳酪

器具

1 個研磨缽

1 把刀

1 個刨絲器

1

2

3

4

1 將大蒜的外膜**剝除**，並挑除中心的芽蒂。放入研磨缽輾壓。

2 **清洗並細切**羅勒，放入缽裡，加進松子，輾壓至成膏狀。

3 一面慢慢倒入橄欖油，一面不停地攪拌直到橄欖油與其他食材**均勻混合**。

4 最後**加入**刨成細末的帕馬森乳酪並攪拌均勻。

5 最後的青醬應是有顆粒的濃稠膏狀。視用途所需可再加入橄欖油調整濃稠度。

5

小訣竅：

如果青醬需要保存好幾天的話，那麼使用前再加入帕瑪森乳酪，這樣可防止乳酪氧化而產生的油耗味。

掃描QR Code，讓廚師教你做：
https://www.youtube.com/watch?v=1GksaCzl04E

難度

香煎松子
Griller des pignons de pin

食材

30 毫升橄欖油

125 克松子

細鹽

器具

1 個平底煎鍋

烤紙

1　將橄欖油與松子一起**放入**未預熱的平底煎鍋中，開中火加熱。

2　持續**攪拌翻動**直到松子外表呈現金黃的色澤。

3　將松子盛至瀝網中**瀝去**多餘的油，再倒入鋪有烤紙的容器內，加入細鹽調味即完成。

小訣竅：
使用橄欖油能讓松子的成色均勻漂亮。

掃描QR Code，讓廚師教你做：
https://www.youtube.com/watch?v=pSAHx1Bqoi8

烤甜椒
Griller des poivrons

1 烤箱**預熱**。甜椒**置於**烤盤上。

2 放入烤箱，以上層火**烤**至甜椒表面上色後，翻面續烤。

3 取出**放入**另一容器，並立刻**覆上**保鮮膜。容器內形成的水蒸氣會使甜椒外層的薄皮較易剝除。

4 靜置 10 分鐘後，以刀輔助**剝除**甜椒表皮。

5 如果沒有烤箱，可以使用噴槍或者是利用爐火炙烤甜椒的表皮，然後接續上述的步驟將甜椒的表皮剝除。

1

2

3

4

5

小訣竅：
我們也可以使用刨刀削去甜椒的外皮，但加熱甜椒的步驟除了使甜味更凸顯外，還能增加一股特殊的風味！

掃描QR Code，讓廚師教你做：
https://www.youtube.com/watch?v=sIOMbCd80_Q

朝鮮薊的處理
Préparer des artichauts

器具

1 把刀子

1 個砧板

1 用手將朝鮮薊的莖從底部**折斷**，以除掉朝鮮薊底部的纖維，不需要刀切。

2 再用手將底部兩圈的葉片**摘除**。

3 將刀子盡量置於與底部垂直的方向，順著環形，依序將葉片一一**切除**。

4 將朝鮮薊放於砧板上，**切除**中心剩下的葉片，並把中心的絨毛部分拔除乾淨。

掃描QR Code，讓廚師教你做：
https://www.youtube.com/watch?v=7oRiPelFfAI

5

6

5 以刀子將朝鮮薊底部**削切平整**，邊緣深綠色的部分一定要切除，否則會帶苦味。

6 底部**塗抹**檸檬，防止氧化。

小訣竅：

在煮朝鮮薊時，可以加入一些檸檬汁或白酒，它們的酸性特質可以避免朝鮮薊氧化，並增添香味。

蘆筍的處理
Préparer des asperges

器具

1 把刀

1 把刨刀

1　用小刀將蘆筍尖部周圍的小葉芽點**挑除**。

2　將蘆筍平放於砧板上，以刨刀**刮除**外層皮（至離根部約 3 公分處）。

3　用手將根部**折斷**。

4　以冷水**清洗**。

1

2

3

小訣竅：
選綠蘆筍時要注意尖芽端不能太開或過於緊閉。白蘆筍則不需要剔除尖端四周的芽點，外皮可完全刨削到底。

4

酪梨的處理
Préparer des avocats

器具

1 把刀

1 把刨刀

1 刀子順著酪梨中心的核**切劃**一圈成兩半。然後兩手各別包覆住酪梨的兩半,以相反方向**扭轉**後掰開。

2 把有核的一半**握在**掌心裡,另一隻手拿刀將靠近刀柄的刀跟**切嵌**入核,固定住後稍稍**旋轉**刀的方向,就能輕易將果核取出。

3 用湯匙將果肉**挖取**出來。

4 待果肉都取出後,立即**滴上**檸檬汁以防止氧化。

小訣竅:

盡量選取以手指輕輕觸壓感覺熟軟的酪梨。若切開後仍將果核留著,果肉就比較不易氧化。

掃描QR Code,讓廚師教你做:
https://www.youtube.com/watch?v=djOChjhZqSQ

義大利燉飯的煮法
Cuire un risotto

食材

1 顆洋蔥

1 小撮鹽

350 克阿柏里歐米（arborio）
或卡納羅利米（carnaroli）

1 杯白酒

1 公升雞高湯

30 克奶油

50 克帕瑪森乳酪

橄欖油

1　在鍋中倒入些許橄欖油和一小撮鹽，先將洋蔥**炒軟**。再繼續**加熱**約 1 分鐘後，把米倒入鍋裡。

2　**翻炒**鍋中的米，使米粒均勻覆上橄欖油，加熱拌炒至米粒外觀呈珠光白色。接著倒入白酒將食材炒出的精華都溶進汁液中，繼續攪拌直到汁液完全被米粒吸收。

3　將高湯慢慢地分次**倒入**，每次倒入時要不停地攪拌，直到米粒將湯汁幾乎完全吸收時，再繼續添加。

4　義大利燉飯成功的秘訣是要在熬煮的過程中不停地**攪拌**。燉煮時間約為 18 分鐘。

5　當燉飯完成時（米粒中心仍是硬的），加入奶油和帕瑪森乳酪，拌均勻後即可享用！

小訣竅：
這種特殊圓形米品種裡的澱粉質，使得燉飯的口感黏稠滑順。

掃描QR Code，讓廚師教你做：
https://www.youtube.com/watch?v=mri0EwT5248

壽司米的煮法
Cuire un riz à sushi

食材

600 克日本米	
660 克水	
70 毫升米醋	
20 克糖	
5 克鹽	

器具

1 個濾網
1 只湯鍋
1 個有深度的盤子
1 個碗

1　倒入大量的清水**洗米**，並用雙掌輕輕反覆搓揉。當水呈白色時，換水繼續搓洗，反覆此步驟三到四次。也可以將米置於濾網中，讓水流慢慢沖洗，直到濾過的水不再呈混濁的白色為止。

2　**濾掉**多餘的水分。

3　將米**放入**鍋中，加入適量的水，蓋上鍋蓋後加熱**煮**至沸騰。再加熱 2 至 3 分鐘，將火轉小繼續加熱約 12 分鐘左右（直到鍋中水分完全蒸散）。關火但不開蓋，使鍋中的米飯繼續悶煮 10 分鐘。

4　將米飯盛出**平鋪**在盤中。在碗中倒入米醋、糖和鹽**攪拌均勻**，再**倒入**米飯裡小心地拌勻。

5　將米飯置於通風處幾分鐘，**放涼**至常溫即完成。

小訣竅：

壽司米飯的製作過程有些繁瑣，成品也只能保存一天，隔日就無法使用。強烈建議不要將放入冰箱，那會使米飯變硬。

掃描QR Code，讓廚師教你做：
https://www.youtube.com/watch?v=uI4CbDBX4t8

米飯悶煮法
Cuire le riz à l'étuvée

食材

白米

水

1　先**量**米的份量，再量米量 1.5 倍的水量。

2　將米**沖洗**過後放入鍋中，加入適量的水和一小撮的鹽後開始煮。

3　煮至**沸騰**後將火關小並加蓋續煮約 6 分鐘，直到所有水分都被米粒吸收。關火後不開蓋，讓米飯繼續悶煮約 5 分鐘。

4　當米飯煮好後，用叉子將飯粒**拌鬆**。

1

2

小訣竅：

可以在米飯中添加特殊的香氣（肉桂、小豆蔻、八角、咖哩等），非常適合用來搭配咖哩小羊肉，或是其他以椰奶為醬汁基底的亞洲料理。

3

4

掃描QR Code，讓廚師教你做：
https://www.youtube.com/watch?v=Jg1VnthVpBc

奶油燉飯
Cuire le riz pilaf

食材

30 毫升橄欖油

1 個洋蔥

細鹽

300 克白米

1 份白米配 **1.5** 份的水

奶油

1 將橄欖油倒入一只能進烤箱加熱的鍋裡，放入洋蔥和細鹽加熱**炒香**。直接倒入未沖洗過的白米。

2 加熱**拌炒**至米粒呈珠光白色：用小火慢慢加熱並不停攪拌，最後使米粒外層呈現如貝殼般微微透明的珍珠色。

3 將液體（高湯或水）倒入，**浸濕**米粒，稍稍調味。

4 **蓋上**烘焙紙後放入烤箱，如果使用的是一般米，以 200℃的溫度烤 18 到 20 分鐘，如果是泰國香米或是印度香米，則烤 11 到 14 分鐘。

5 自烤箱取出後再讓米飯悶 5 分鐘，使米粒繼續**膨脹**，接著用叉子**將飯粒拌開**。拌入幾塊奶油後即完成。

小訣竅：

奶油燉飯的米不需要經過清洗：因此而保留的澱粉質正是其特殊口感的來源。適合用來搭配魚類料理。

義式玉米糕的作法
Préparer la polenta

食材

1 份的義式粗粒玉米粉搭配 **4** 份熬煮用的液體（水、高湯、或是牛奶）

1 湯匙的粗鹽

奶油

器具

1 個深鍋

1 支打蛋器

1 個平底容器

1 支矽膠抹刀

1 個平底鍋

1

2

1 　將牛奶倒入鍋中並加一點鹽，加熱至**沸騰**。將粗粒玉米粉慢慢**倒入**鍋中，同時不斷地攪拌避免顆粒的形成。

2 　**微滾**後繼續加熱攪拌 3 到 5 分鐘，避免使其黏附在鍋壁上，同時維持能攪動的稠度。

3 　**倒入**一個深約 2 公分的容器裡，以抹刀將表面抹平放涼。

3

掃描QR Code，讓廚師教你做：
https://www.youtube.com/watch?v=NXiEP8wfqa4

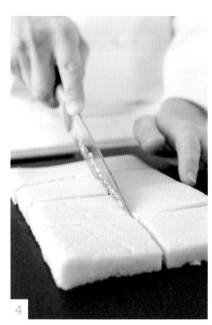

4

5

4 自容器中倒扣**脫模**取出，**分切**出需要的形狀。

5 在平底煎鍋中放入一大塊奶油，用中火將義式玉米糕加熱**油煎上色**，每一面大約煎 1 分鐘。

小訣竅：

傳統的義式玉米糕作法是加水或高湯。此處用的是牛奶，這會讓義式玉米糕更加滑順可口。

義式麵疙瘩的作法
Réaliser des gnocchis

食材

1 公斤質地鬆軟的馬鈴薯

1 顆蛋

350 克的麵粉

細鹽

胡椒

器具

1 個蔬菜研磨器

1 個平盤

1 把刀

1 將帶皮的馬鈴薯放入烤箱以180℃**烤** 1 個小時。取出後趁熱**除去外皮**並切塊。使用蔬菜研磨器**碾壓**成泥狀。

2 把馬鈴薯泥**放入**平盤中，**加入**打好的蛋液，再以適量鹽和胡椒調味，最後撒上 175 克的麵粉。

3 用雙手**揉壓**麵團，接著漸次**加入**剩下的麵粉直到麵團變得有彈性且不黏手。依馬鈴薯品種的不同，視情況可多加些麵粉。

4 將麵團**揉成**圓團狀，再**切分**成4 等份。

掃描QR Code，讓廚師教你做：
https://www.youtube.com/watch?v=adxY06If2EU

5

6

5 將麵團置於撒有麵粉的工作台上,用雙掌自中心向兩端漸漸搓揉伸展出去。最後將麵團**搓揉**成直徑約 1 公分的長條型。

6 接著**切分**成每塊約重 7 克的小麵糰。然後將小麵糰放入鋪撒麵粉的烤盤裡,並用濕布覆蓋。放入冰箱冷藏約 30 分鐘。

小訣竅:

用一大鍋加了鹽的水來煮義式麵疙瘩。將小麵糰放入沸騰的水中,當它們浮起至表面時就表示已經煮熟了。撈出瀝掉水份,澆淋上番茄醬汁、青醬或是古岡左拉起司醬即完成。

馬鈴薯泥的作法
Réaliser une purée de pommes de terre

食材

1 公斤質地鬆軟的馬鈴薯

10 克粗鹽 / **1** 公升水

200 克無鹽奶油

150 毫升的牛奶

細鹽

胡椒

器具

1 個深鍋

1 把刀

1 個蔬菜研磨器

1 個木鍋鏟

1　馬鈴薯**削皮**並洗淨。接著**切成**大小一致的馬鈴薯塊，放入鍋中。倒入**蓋過**馬鈴薯的冷水，依 1 公升水 10 克粗鹽的比例方式加入適量的鹽。

2　**加熱至沸騰**後以微滾的方式續煮 15 分鐘。檢查馬鈴薯的熟度：如以刀尖可以很輕易的就刺入，表示已經可以取出了。撈出後**瀝掉**水份。

3　使用蔬菜研磨器將馬鈴薯碾壓成泥狀。

4　將馬鈴薯泥**倒入**鍋中，以文火加熱，用木鍋鏟不斷地翻拌攪動，讓馬鈴薯泥中的水分變少。

5　當馬鈴薯泥變得比較黏稠時，慢慢**加入**冷的奶油塊並不斷攪拌，再加入一點牛奶。最後調味。

小訣竅：

在煮馬鈴薯的水中可以加入一些香料草（蒜、百里香、月桂葉、迷迭香等）。也可以在馬鈴薯泥裡加入山葵或者是辣根，增添一點異國風味。

掃描QR Code，讓廚師教你做：
https://www.youtube.com/watch?v=qYdlm20S1cE

香煎馬鈴薯的作法
Faire sauter des pommes de terre

食材

1 公斤質地緊實的馬鈴薯

50 毫升的花生油

20 克奶油

細鹽

器具

1 把刀

1 個平底煎鍋

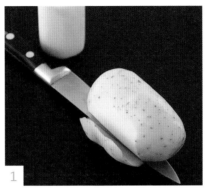

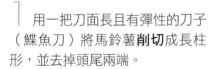

1　用一把刀面長且有彈性的刀子（鰈魚刀）將馬鈴薯**削切**成長柱形，並去掉頭尾兩端。

2　將長柱形**切成**厚約 0.4 公分的圓片，沖一下水後擦乾。

3　將花生油倒入平底鍋並加熱，接著放入馬鈴薯。手持鍋把搖動鍋子，使馬鈴薯片滑動至鍋緣後翻鍋，反覆這個動作，讓馬鈴薯片加熱及上色均勻。大約需要 15 分鐘。

4　以刀尖**刺入**的方式來檢查馬鈴薯的熟度。如果刀尖能輕易的刺入就表示馬鈴薯已經煎熟了。

5　將馬鈴薯取出並**瀝掉**多餘的油，接著把馬鈴薯重新放入鍋裡，**加進**奶油後再煎一下。撒上適量的鹽調味後就可立即享用！

小訣竅：

可事先將馬鈴薯片切好，浸泡在一大鍋的水中，放入冰箱冷藏。

掃描QR Code，讓廚師教你做：
https://www.youtube.com/watch?v=XS5MbFgWOSg&feature=youtu.be

義大利麵的煮法
Cuire des pâtes sèches

食材

500 克的義大利麵需要 **5** 公升的水

35 克粗鹽

1 將一鍋水加入鹽煮至**沸騰**。

2 將義大利麵一次全放入鍋中，並使其完全**浸入**水裡。沸騰後繼續**加熱煮**，並不時攪動讓麵條不互相沾黏。

3 **檢視**熟度：煮好的麵條應該是軟中帶硬。

4 **撈出瀝乾**。如果沒有要立即享用，可先將麵條置於冷水下沖涼備用，再吃之前快速地加熱一下即可。

小訣竅：

煮好的義大利麵即使放涼，還是會繼續吸收周圍的水分。因此，如果是要用來做沙拉，較佳的方式是煮至麵心稍硬（al dente）的程度。

掃描QR Code，讓廚師教你做：
https://www.youtube.com/watch?v=scuZAT78lDI

法式小盅蛋的作法
Préparer des œufs cocotte

器具

1 個敲蛋器

1 把刀

1　將雞蛋較圓的那端朝上擺放，接著把敲蛋器**置於**其上。鬆開敲蛋器上的重力球，利用敲擊時的震動力，將蛋殼切劃出一圈裂線。

2　以刀尖順著裂線將頂端的蛋殼**去掉**。

3　將一大鍋水**燒熱**，用大拇指和食指輕輕捏著蛋殼邊緣，小心地放入鍋中央。

4　用接近微滾的水來**煮蛋**，太滾的水有可能使蛋相互撞擊。

5　當蛋白部分開始凝結時就可以了（大約需要 3 分鐘）；至於蛋黃部分則應維持液狀。以鹽之花和胡椒**調味**後即可享用。

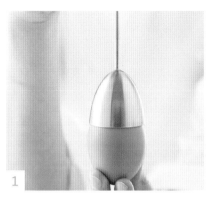

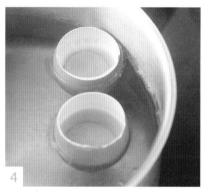
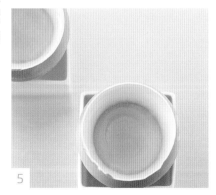

小訣竅：

可以在蛋裡加一些火腿屑、乳酪末，倒一點點液狀鮮奶油或者是一小塊鵝肝！也可以用烤箱來做法式小盅蛋，將蛋倒入塗有奶油的小烤盅，加鹽和胡椒調味，以隔水加熱的方式，放入 180℃ 的烤箱烤約 10 分鐘。

掃描QR Code，讓廚師教你做：
https://www.youtube.com/watch?v=NKvSmjJvkGs

法式滑蛋作法
Réaliser des œufs brouillés

器具

1 個大碗

1 支打蛋器

1 個鍋子

1 將雞蛋**打入**（材質能導熱的）大碗裡，以打蛋器**打勻**。

2 **準備**隔水加熱：將大鍋中的水加熱至沸騰，再把盛有蛋液的大碗置於其上。

3 一邊**加熱**一邊用打蛋器攪拌。

4 當蛋液變得濃稠時就**停止**加熱。**加入**一塊奶油、鹽、胡椒。攪拌均勻後就可立即享用。

1

2

3

小訣竅：

隔水加熱是掌控熟度的最佳方式。也可以直接加熱盛有蛋液的鍋子，但記得要用小火！

4

掃描QR Code，讓廚師教你做：
https://www.youtube.com/watch?v=fQoqSSmz2_Y

煎蛋作法
Cuire des œufs sur le plat

1 將蛋**打入**碗裡。再把蛋液倒入事先塗有橄欖油的冷鍋中。

2 以小火慢慢**加熱**，注意蛋緣不能上色。

3 當蛋白凝結，蛋黃還呈流質時就完成了（大約 2 分鐘）。

小訣竅：
調味時避免將鹽撒在蛋黃上，因為那會使蛋黃上產生不美觀的小白點。可以在倒入蛋液之前先將調味的鹽撒在鍋裡，或是只撒在蛋白處（這會使得蛋白凝結的較快）。

1

2

3

掃描QR Code，讓廚師教你做：
https://www.youtube.com/watch?v=HPqJAKS7WPg

水波蛋作法
Réaliser des œufs pochés

1 **準備**煮蛋的水：先將一大鍋的水煮開，加入相當於水量十分之一的白醋，以利蛋白凝結。

2 將蛋個別先**打入**小容器內，這樣做可以避免碎蛋殼掉入水裡。以漏勺在鍋裡攪動形成一個不斷**旋轉的水流**。再將蛋一個接一個**倒入**鍋裡。要記住倒入蛋的先後順序。

3 加熱煮約 2 到 3 分鐘之後，以漏勺將蛋依序**撈出**。**檢查**熟度：蛋白的部分應該是凝結且有彈性，又不會過熟。

4 將蛋放入溫水中使蛋的內部**不再續熱**。瀝掉多餘的水分後，再拿一把剪刀**修整**蛋白（將蛋白多餘的部分剪除，並修齊外型）。

5 蛋黃必須維持流質狀。

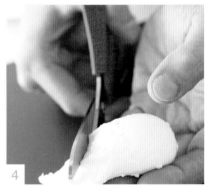

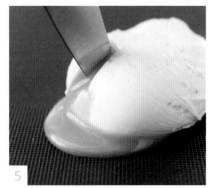

小訣竅：
三個成功的要點：要選品質好又新鮮的雞蛋，煮蛋的水溫要適當，特別是要加醋。

掃描QR Code，讓廚師教你做：
https://www.youtube.com/watch?v=2Eo0rfIcaZY

鵪鶉水波蛋作法
Réaliser des œufs de caille pochés

器具

1 把刀

1 支漏勺

1 用刀尖將蛋殼**劃開**。

2 小心地將蛋殼**剝開**，並將所有的蛋打入同一個容器裡。**加入一湯匙白醋**。

3 **準備**煮蛋的水：將一大鍋的水燒滾，加入水量十分之一的白醋，以利蛋白的凝結。

4 用濾杓在微滾的水中攪動**形成漩渦**，將蛋一個接一個**倒入**水中。

5 加熱煮 1 分鐘後以濾杓將蛋**撈出**，並放入溫水中使蛋的內部**不再續熱**。

1

2

3

4

5

小訣竅：

也可以將鵪鶉蛋放入紅酒中煮，不用加醋，最後會形成淡紫色的外觀。

碎番茄作法
Préparer une concassée de tomates

食材

1 顆切碎的洋蔥

50 毫升橄欖油

500 克新鮮去皮並切成小丁的番茄

1 支百里香

1 片月桂葉

1 顆蒜瓣

2 小匙的糖

細鹽

胡椒

器具

1 個炒鍋

1 支木鏟

1 個密封的容器

1　先在一個已加熱了的炒鍋裡倒入橄欖油，加一點鹽，將切碎的洋蔥**炒軟**之後，再**續炒** 5 分鐘。

2　**加入**番茄丁並拌勻。

3　**加進**百里香、月桂葉和大蒜。

4　加入鹽、胡椒和糖**調味**。繼續以文火**加熱**直到蔬菜出的水漸漸蒸發，並不時用木鏟攪動翻拌。

5　調味並且注意當水分蒸散至適當程度時即可關火。將碎番茄倒入一個密封的容器中**保存**。

小訣竅：

依照番茄含水量的高低來判斷烹煮時加蓋或不加。最好選用在陽光中成熟、色澤紅艷且滋味豐富的番茄。

掃描QR Code，讓廚師教你做：
https://www.youtube.com/watch?v=lVqCVF6iRJk

番茄去皮及切片作法
Monder des tomates et réaliser des pétales

1 先將番茄的蒂頭用刀尖**挖除**。在另一端以刀尖輕劃一個十字，以利接下來的去皮步驟。

2 將番茄**放入**滾水裡10至12秒。

3 取出後立即放入大量加了冰塊的冷水中使其**降溫**。

4 幾秒之後就能很輕易地將外層薄皮**剝除**。

5 以刀子將番茄**切成**四瓣，再把胎座及種子**切除**即完成番茄片。

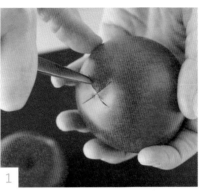

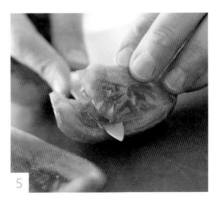

小訣竅：
注意不要將番茄放入滾水中過久，以免果肉開始變熟。

掃描QR Code，讓廚師教你做：
https://www.youtube.com/watch?v=wMfgsfKX2yo

難度

炒菜的方法
Faire sauter des légumes

食材

切塊的蔬菜

橄欖油

器具

1 個大平底鍋

1 把刀子

1 先以大火將平底鍋**燒熱**，可以將手置於鍋子上方，如果感覺到熱氣就表示可以了。

2 將橄欖油**倒入**鍋中，輕輕傾斜搖動使油均勻佈滿鍋底。

3 快速將蔬菜**倒入**。

4 **加熱**並不時地**翻鍋**。這個技巧是用手緊握住鍋柄，讓鍋子向前傾，使蔬菜滑向前方低的一側，接著將鍋子快速向前上方輕甩，使鍋裡蔬菜騰空躍起再落下完成翻炒的動作。

5 若要知道蔬菜的熟度，可用刀尖**刺入**，如果大致變軟而中心稍硬就表示已經熟了。

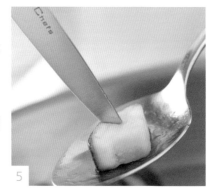

小訣竅：

將蔬菜洗淨，去皮並切成大小一致的塊狀（切丁、切圓片或切條）。烹煮的時間則會因蔬菜的不同而有差異。

掃描QR Code，讓廚師教你做：
https://www.youtube.com/watch?v=3vFvLFpMv14

用炒鍋炒菜的作法
Faire sauter des légumes au wok

食材

半把櫻桃蘿蔔

1 根櫛瓜

200 克豆芽

1 顆洋蔥

1 個紅甜椒

2 根削皮的紅蘿蔔

30 毫升的花生油

細鹽

器具

1 個中式炒鍋、一把刀子、一支鍋鏟

1 將所有蔬菜**洗淨**並**切**成適當大小。把鍋子置於大火上。當鍋熱了後倒入一點油。搖動鍋子使油能均勻覆滿鍋面。

2 先將洋蔥放入拌炒，加入一小撮細鹽炒到洋蔥變軟並**出水**。持續**翻拌均勻**才不會焦掉，用鍋鏟將鍋裡的菜鏟高至鍋壁處（注意鍋壁的高溫）。

3 **加入**紅蘿蔔，以炒洋蔥的方式拌炒。每加入一樣菜時就撒一小撮的細鹽，這樣可以使蔬菜中的水分釋出並充分調味。

小訣竅：

以中式炒鍋烹煮的原理是將食材快速地煮熟。所以要將食材切得越小越好，並且要少量入鍋。先從需要較長烹煮時間的食材開始，依次放入，最後再放入一些像是調味辛香料和新鮮的香料草，這樣才不會燒焦。

4 **倒入**約鍋中蔬菜量一半高的水，加蓋以大火**煮**至水分完全散逸。這樣能使鍋內的菜較快熟。

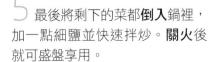

5 最後將剩下的菜都**倒入**鍋裡，加一點細鹽並快速拌炒。**關火**後就可盛盤享用。

掃描QR Code，讓廚師教你做：
https://www.youtube.com/watch?v=wNXevIOVqFI

晶面蔬菜的作法
Glacer des légumes

食材

20 克奶油

水

1 小撮糖

2 小撮細鹽

器具

1 把刀子

1 個平底鍋

烤紙

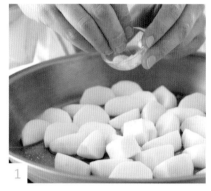

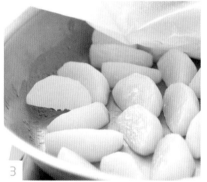

1 將蔬菜**洗淨去皮**並**切成**大小一致的形狀。排放入平底鍋，注意避免食材重疊。放入奶油和一半高度的水量，糖和細鹽。

2 **覆蓋**上烤紙，加熱至鍋中的水**滾**。接著以中火**煮**至水份完全被食材吸收。

3 當水份完全被吸收時，有著晶亮外層的食材也熟了。這稱作晶面（glacer）的做法。

4 **繼續加熱**直到糖份在食材表面微微焦化。

5 加入少許的水**溶掉**黏著的焦糖，以搖動的方式使食材表面更均勻地包覆上焦糖。此時食材外層呈現金黃亮面的光澤。

小訣竅：

如果食材已經熟了，但鍋裡還有水分，就將食材盛出，加熱使水分漸漸變少成較濃的漿狀。之後再把食材放回鍋內，使外層包覆濃醬上色。

掃描QR Code，讓廚師教你做：
https://www.youtube.com/watch?v=8xsMBNeRvM4

技巧 -2-

魚類&海鮮

魚的修整技巧
Habiller un poisson

器具

1 把剪刀

1 把刀子

1 **去鰭**：以剪刀將背鰭及尾鰭都剪除。

2 **刮去鱗片**。對於像鰈魚或紅魚這樣的魚類，用刀背就可以刮除魚鱗。如果是鯛魚或鱸魚，則需要一把刮鱗刀去鱗。

3 將魚鰓蓋**掀開**，以剪刀的尖端將魚鰓自底部剪斷後，再用手指**挖除**。

4 用刀尖**刺入並割開**魚腹，用兩根手指伸入並**掏除**內臟，再將裡面的血塊**刮除**。

5 最後以清水**沖洗**魚身內外，再用紙巾把多餘的水分吸掉。

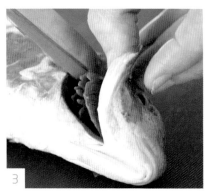

小訣竅：

挑選魚時，要看魚眼是否清澈，魚鱗是否仍緊附在魚皮上。魚皮應該是緊繃且色澤明亮。魚鰓則應是濕潤並呈鮮紅色。新鮮的魚肉特別緊實有彈性。

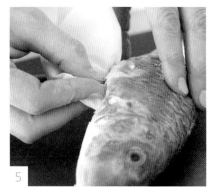

掃描QR Code，讓廚師教你做：
https://www.youtube.com/watch?v=v6nofM2mEmY

壽司魚片的切法
Préparer du poisson à sushi

器具

1 支拔刺夾
───────────
1 把刀子
───────────

1 先將魚片**片下**，再用拔刺夾將魚刺**夾出**。用手指在魚片上滑動輕壓找出魚刺的位置，然後用拔刺夾夾住靠近表面處的魚刺，以兩指壓住魚刺兩側，以免拔出時破壞魚肉的完整性。

2 選一把刀面狹長且有彈性的刀子**將魚皮切除**：把魚片置於砧板上，魚皮面朝下，魚尾部朝向自己。將刀子刺切入魚皮和魚肉之間，抓緊魚皮，然後以水平來回的方式邊推邊往外切。

小訣竅：
這個技巧成功的要素之一就是得有一把磨得鋒利的刀子，並且選用新鮮好品質的魚。

3 再以 2 公分的間距將魚片**切**成長片。

4 將長魚片依所需的長度，以逆紋的方式再**片**成更薄的薄魚片。可將刀面以水平的方式切入魚片，另一手貼壓在魚片上固定。以這個方式片魚時，魚片就不會滑動，也可以片得更薄。

掃描QR Code，讓廚師教你做：
https://www.youtube.com/watch?v=lZ7be_9U-FI

透抽的處理
Préparer des calamars

器具

1 個砧板

1 把刀子

1 先將透抽身上的雜質及粘液**沖洗**乾淨。置於砧板上，先將頭部和身體**切開**，再自眼睛基部**切掉**觸足。

2 用手**捏住固定**位於頭部的透抽嘴，再自底部切除，只留透抽的觸足。

3 以刀子**劃切**開透抽的身腹，將內臟和透明內殼**取出**。

4 最後將鰭部**切下**，撕除外層的薄膜。仔細**清洗**透抽的觸足和身腹之後，置於廚房紙巾上吸除多餘的水分備用。

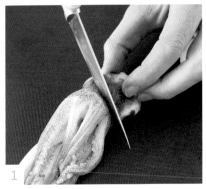

1

2

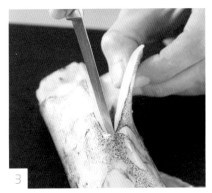

3

小訣竅：

透抽可在烹煮前先以橄欖油、香料或調味用的香草醃過。

烹調時一定要熱鍋，並且少量下鍋，因為加熱時透抽容易出大量的水。

4

掃描QR Code，讓廚師教你做：
https://www.youtube.com/watch?v=CJ2rvSTcvLE

貝類的清洗
Nettoyer des coquillages

1 先將貝類放入加了鹽的大量清水中,靜置十多分鐘,使其**吐出**內部的沙子。

2 如果貝殼表面有一些雜質附著,可以用刀尖或刷子**清除**。

3 以手將黏附在淡菜外殼的固著絲(這是貝類用來附著在岩石上的絲質網狀物)用力**拔除**。

4 將貝類置於水龍頭下以冷水**沖洗**乾淨。

小訣竅:

如果發現貝類的外殼已破裂,或者是以手指捏壓時,兩片殼仍無法緊密閉合,就表示貝類已經死亡,必須將它們挑除丟棄。

掃描QR Code,讓廚師教你做:
https://www.youtube.com/watch?v=6MGMOFr0XQk

新鮮扇貝的處理
Préparer des noix de Saint-Jacques

器具

1 把刀子

1 　將刀面自兩片扇貝縫隙水平**切入**至基部。**切斷**連結貝殼的筋肉並**撬開**上層殼。

2 　**剔除**干貝邊緣、內臟及含沙的部位。

3 　用湯匙小心地將干貝及一旁鮮橘色的部分自殼內**挖取**出。仔細**清洗**，再置於冰水中，使當中的雜質**釋出**。

4 　用刀子將鮮橘色的部位**切除**，再**切掉**一旁深色的部分，最後小心地切除干貝邊緣較硬的肌肉。

1

2

3

小訣竅：

如果事先買回新鮮扇貝，干貝在殼內可以保存較久。在扇貝上加些重物壓著使殼保持閉合，不致乾掉。新鮮干貝外觀是有光澤的淺褐色。

4

掃描QR Code，讓廚師教你做：
https://www.youtube.com/watch?v=5WVJCvncT-8

開生蠔的方法
Ouvrir des huîtres

器具

1 把生蠔刀

1   將生蠔**置於**手掌心（若要更安全，可以墊一條廚房用擦巾在手上，保護手掌）。將生蠔刀的刀尖**置於**韌帶肌的位置。

2   刀尖**刺入**韌帶肌的上方。

3   一面**切斷**韌帶肌，一面將刀子往自己的方向移動。

4   將上方的殼**打開**。將刀子**滑入**生蠔下方，刮開生蠔與內殼面連接處，方便品嚐時生蠔可以直接倒入滑進口中。

小訣竅：

可將生蠔殼中的水分倒掉，然後將生蠔放入鹽水中，洗掉細碎的殼屑。水可以一再換洗 8 次！

掃描QR Code，讓廚師教你做：
https://www.youtube.com/watch?v=dp62Wock9y4

螯龍蝦的處理
Préparer un homard

器具

1 把剪刀

1 把大刀

1　先將龍蝦放入大量的鹽水中煮好後取出放涼。用手將龍蝦頭，及大螯**扭斷**。

2　以手掌**壓斷**龍蝦背部的環狀殼。再用剪刀**順著**腹部兩側的稜線剪開後，取下連結於蝦腳內側的膜。

3　小心**取出**蝦殼裡的肉。

4　兩手握住蝦螯的兩端，從關節處**折斷**。

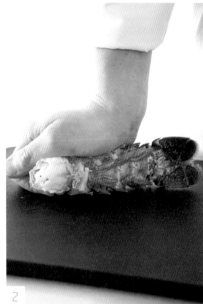

掃描QR Code，讓廚師教你做：
https://www.youtube.com/watch?v=hQVIXDa4qu8

5 蝦螯**去殼**，先將位於內側活動部位的小蝦鉗的殼折斷拉出。接著用大刀的刀背用力敲螯殼其中一面的中心，另一面也是。將螯殼敲碎後，**取出**裡面的龍蝦肉。

6 以剪刀將關節段的螯殼縱向**剪開**，並取出裡面的龍蝦肉。

7 用刀子將龍蝦身縱向輕輕**劃切**，再用刀尖把裡面的泥腸挑除。

小訣竅：
為了使龍蝦在烹煮過程中不會曲縮，可以自尾部插入一根長木籤至頭部固定龍蝦的身體。

大蝦去殼的方法
Décortiquer des gambas

1 **摘除**蝦頭，並盡量保留蝦肉。

2 **拔除**蝦腳後，再將蝦殼**剝掉**。
為了讓外觀更佳，**剝除**蝦殼時可
留下最後一節蝦殼及尾部。

3 以刀子順著蝦背**劃開**。

4 利用刀尖將泥腸**清除**。

1

2

小訣竅：

在法國較常見的是冷凍蝦。買的
時候盡量選擇帶有蝦頭及蝦殼完
整的全蝦，因為他們的蝦肉品質
在冷凍過程中比較容易維持。

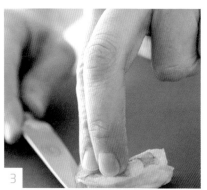

3

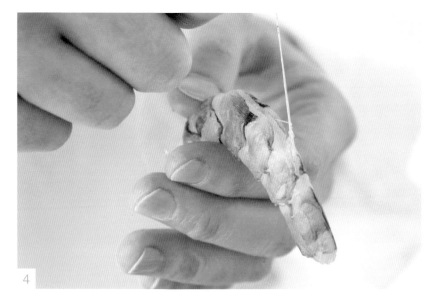

4

掃描QR Code，讓廚師教你做：
https://www.youtube.com/watch?v=J7NNRiLOq-o

以烘焙紙包覆食材烹煮的技巧
Préparer une papillote

器具

烘焙紙

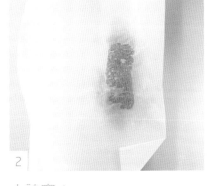

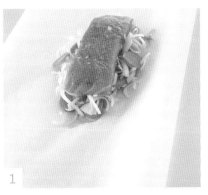

1 將一張方形烤紙**對折**，在左側靠中央處鋪放上食材：蔬菜（切成小塊的蔬菜）、已經調味的魚片，淋上一點橄欖油後，再澆上一湯匙的液體（水、酒、檸檬汁……）。

2 將紙**折起**，按壓一下對折線使得烤紙包覆住食材。從對折線的一端直角處向內摺起一角。

3 **繼續折角**直到對折線的另外一端。

4 最後將折角折到另一面，使食材**緊密包覆**於其中。放入烤箱以高溫**烤** 7 到 10 分鐘。

小訣竅：

當包覆食材的紙因為蒸氣而膨脹時就表示食材已熟。這是一道非常健康養生的菜，熟了的魚片會散發出蔬菜及調味料的香氣。

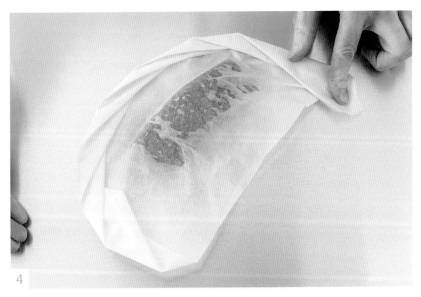

掃描QR Code，讓廚師教你做：
https://www.youtube.com/watch?v=mUMnjQ2iZpg

炸魚柳的作法
Réaliser des goujonnettes

器具

1 把刀子

1 個砧板

3 個碗

1 支濾勺

吸油紙巾

1　先**準備**好去皮，去刺的菲力魚片，最好選用鰈魚。將魚片以 1 公分的寬度**切成**長條狀魚柳。再將魚柳浸入牛奶裡。

2　**英式沾粉法**：將魚柳沾裹上一層麵粉，然後再沾蛋液，最後裹上麵包粉。

3　將魚柳置於砧板上，用雙手輕輕仔細**搓捻**成細長的棒狀。

4　**準備**一鍋加熱至 180℃ 的炸油，將魚柳放入油中炸 1 分鐘直到表面呈金黃色。

5　以漏勺將炸好的魚柳**撈起**，**濾掉**多餘的油。將魚柳置於吸油紙巾上，撒上一點細鹽調味。

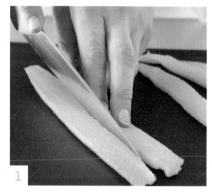

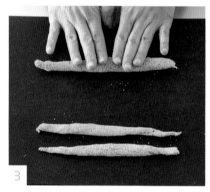

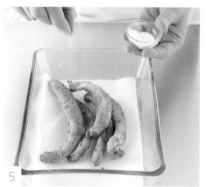

小訣竅：

炸魚柳的傳統吃法是搭配塔塔醬一起享用。

掃描QR Code，讓廚師教你做：
https://www.youtube.com/watch?v=Xp1dc9K_CNs

汆燙鮭魚片的作法
Pocher un pavé de saumon

器具

1 把刀子

1 個炒鍋

1 支濾鏟

1 將菲力魚片**去皮去刺**。再**切**成約 120 至 150 克大小的鮭魚片，撒上鹽和胡椒調味。

2 炒鍋中先**準備**蔬菜高湯（水、白酒、洋蔥、紅蘿蔔、香料草）加熱至沸騰。

3 將鮭魚片**放入**高湯中並將火調至微滾。這樣才能保持住魚肉的鮮美質地。一片 120 至 150 克的魚片需要煮 10 分鐘左右。

4 可以利用探溫針來**檢查**食材加熱的溫度。當魚片中心達 52℃時，表示已經煮好了。

5 也可以將撈出的魚片切開來，如果裡面呈粉紅色就表示已經煮好了。

小訣竅：

也可以用這種方式汆燙整條魚。但要用放得進整條魚的長形魚鍋。步驟一樣，記得依魚的重量加長煮的時間。

掃描QR Code，讓廚師教你做：
https://www.youtube.com/watch?v=7Lfpu9bxAfc

香煎魚片
Poêler un filet de poisson

器具

1 個平底鍋

1 支鍋鏟

吸油紙巾

1 在鍋中倒一點油並開大火**加熱**。當油熱了，將已挑完刺且調味的魚片，**魚皮**朝下放入鍋裡。

2 用鍋鏟**輕壓**魚片讓它不致曲縮。加熱 1 至 2 分鐘直到整個外皮都均勻上色。

小訣竅：

如果家中有較多的客人，可以將煎至上色的步驟先完成，然後在上桌前放入預熱至 200℃的烤箱烤 5 分鐘即可。

3 用鍋鏟將魚片**翻面**，繼續加熱直到需要的熟度。加鹽調味。

4 魚片熟了就自鍋中**鏟起**置於吸油紙巾上，之後即可**享用**。

掃描QR Code，讓廚師教你做：
https://www.youtube.com/watch?v=q271gelEBZ8

如何掌控魚的熟度
Contrôler la cuisson d'un poisson

器具

1 把刀子

1 支探溫針

1 把刀子

魚片

1 　起鍋後的魚片，如果外層的魚皮用兩隻手指就能輕易地**撕除**，就表示魚已經熟了。

2 　刀子應該很容易就能**刺入**魚肉較厚的部位。拔出後將刀面輕觸手腕，或是嘴唇內側會感到刀面的熱度，就代表魚熟了。

整條魚

3 　從魚背鰭的位置**切入**劃至魚骨處，魚肉應該很容易地就**切開**。否則就要再加長烹煮的時間。

4 　也可以利用探溫針來**檢查**魚的熟度，將探針刺入魚肉最厚的部位，當魚刺附近部位的溫度介於46 到 52℃時就表示魚已經熟了。

小訣竅：

如果魚加熱過久，肉質就會變得乾硬。下刀分切時容易形成肉屑。煮熟了的魚肉應是濕嫩的。若魚刺部位仍是淺粉色時也可以食用。

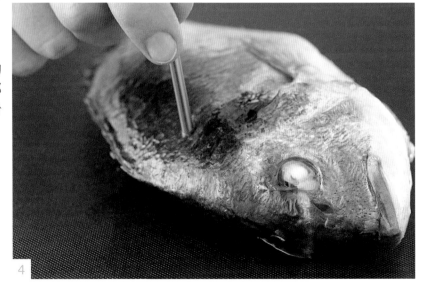

掃描QR Code，讓廚師教你做：
https://www.youtube.com/watch?v=FO16VApwUFo

海螺及峨螺的煮法
Cuire des bigorneaux et des bulots

1 先將螺類**清洗**乾淨後，放入加了鹽的大量冷水中，靜置 20 分鐘使其吐沙。

2 在一只大深鍋中**準備**煮螺的清高湯：水、鹽和法國香草束＊。

3 先將水**煮開**，然後**放入**螺類，體型小的海螺煮 15 分鐘，體型大的峨螺煮 30 分鐘。

4 撈出後，**瀝掉**水分**放涼**後就可以享用。

編註：法國香草束，常見的是由百里香、月桂葉加上其他香草組合而成，可依個人喜好加上鼠尾草、迷迭香、羅勒等香草，再使用料理用棉線綑在一起即可。

1

2

3

小訣竅：
海螺可以搭配塗了含鹽奶油的麵包；峨螺則適合搭配手作的法式美乃滋醬。

4

掃描QR Code，讓廚師教你做：
https://www.youtube.com/watch?v=IjhaHgpweWk

🧑‍🍳 🧑‍🍳

淡菜及蛤蜊的煮法
Cuire des moules et des coques

食材

1 公升淡菜
1 顆紅蔥頭
20 克奶油
1 杯白酒
3 根巴西里葉

編註：法國的淡菜以公升計價，1 公升約 700 公克。

1 把已經清洗好了的淡菜或蛤蜊 **放入**一只大深鍋裡。紅蔥頭**削去**外皮後**切碎**。將其他的食材**備齊**。

2 把切碎的紅蔥頭和奶油、白酒及巴西里的細莖一起**放入**鍋裡。

3 **加蓋**後以大火加熱。

4 當淡菜或蛤蜊的殼完全打開時就代表已經煮好了。加熱時要隨時注意熟度，煮過頭的貝類肉質會變得太硬。

小訣竅：

由於貝類的雜質或砂子都會跑進湯汁裡，別忘了最後將煮過的湯汁再過濾一次。

掃描QR Code，讓廚師教你做：
https://www.youtube.com/watch?v=yHfs2vpf4Ec

魚高湯的作法
Réaliser un fumet de poisson

食材

1 顆洋蔥

1 顆紅蔥頭

1 根紅蘿蔔

1 束法國香草束（請參第 **24** 頁編註）

20 毫升橄欖油

1 公斤先敲碎並在清水下沖洗過幾分鐘的魚骨和魚刺

1 公升水

100 毫升白酒

胡椒粒

器具

1 把刀

1 個湯鍋

1 支濾勺

1 個濾網

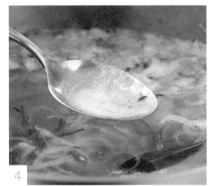

1　將洋蔥、紅蔥頭**削去**外皮後**切細**，紅蘿蔔削皮切薄片。在湯鍋裡先用一點橄欖油**炒香**調味用的食材（蔬菜、香料草和胡椒）。

2　**加入**魚刺和魚骨，以文火**加熱**炒一下但不使之上色。

3　**加入**水，依所需高湯的濃度調整水量多寡。**倒入**白酒。

4　**加熱**至微滾時續**煮** 20 分鐘。隨時將表面的浮沫**撈起**。

5　以濾網**過濾**高湯時要慢慢地倒，並注意不要壓擠濾網中的食材，以免食材細末進入高湯而變得混濁。

小訣竅：

一般說來，做魚高湯要選用白魚（鰈魚、黃蓋鰈、鱈魚）魚骨及其他切除不用的部位。

掃描QR Code，讓廚師教你做：
https://www.youtube.com/watch?v=fRnr8n0I_Zw

海鮮高湯的作法
Réaliser un fumet de crustacés

食材

1 公斤各類蝦殼（大蝦、螯龍蝦、海螯蝦）

1 顆洋蔥

1 顆紅蔥頭

1 根紅蘿蔔

20 毫升橄欖油

1 束法國香草束（請參第 24 頁編註）

10 克濃縮番茄糊

50 毫升干邑白蘭地

1 公升水

胡椒粒

器具

1 個碾缽或 1 根烘焙用擀麵棍

1　以碾缽或擀麵棍將蝦殼內殘留的肉**碾壓**出來。將洋蔥、紅蔥頭及紅蘿蔔**削去外皮**並**切成**薄片或切丁。

2　將橄欖油倒入炒鍋中**開火熱鍋**，放入蝦殼**拌炒**，使裡面的精華釋出。海鮮貝甲類肉裡的蛋白質會讓高湯呈現珊瑚般的橘紅色。

3　**放入**調味用的食材和胡椒粒。**加熱**幾分鐘後再倒入濃縮番茄糊。

4　加入干邑白蘭地使黏附在鍋子內面的**焦香精華溶進汁液裡**，並**點火**使酒精揮發。

5　當火焰滅掉後，倒入水以微滾的方式**加熱** 20 分鐘。以濾網**過濾**高湯，並用小湯杓用力擠壓濾網內的食材使得鮮美的精華都能保留下來。

小訣竅：

在調味食材裡加入茴香球莖，並以茴香酒代替干邑白蘭地來溶出鍋底精華，做出的高湯就會多了茴香的味道。如果將高湯濃縮至一半的量，味道就會更濃郁。也可以加一點鮮奶油變化成海鮮濃湯。

掃描QR Code，讓廚師教你做：
https://www.youtube.com/watch?v=RxAQHa8TjdU

技巧 -3-

肉類

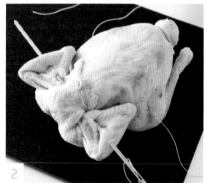

禽肉的縫綁法
Brider une volaille

器具

1 支縫肉針

料理綿線

1 將家禽背朝下**置於**砧板上。以針線刺入，**直穿過**禽腿關節和腿肉處。

2 **翻過**禽身，將腹部朝下，**刺入**三節翅的中段，接著穿過小翅，再刺入禽身繞過頸椎的下方的同時記得將頸脖間多出的皮固定住。

3 拉緊線並**打結**固定好，然後**剪掉**多餘的線。

4 翻面讓背部朝下，用另一條線**刺穿過**下腹腔。

5 將線從上方繞過胸肉部位後，用力拉緊打結將腿部**固定**。

小訣竅：

在綑綁家禽之前，也可以放入一些香料草或調味料：作法是將食材放入皮與肉間的空隙，增加禽肉的香氣。

掃描QR Code，讓廚師教你做：
https://www.youtube.com/watch?v=rmFKL1n59K4

禽肉的切法
Découper à cru une volaille

1 將家禽背部朝下，腿部朝向自己，**置於**砧板上。用一隻手抓住腿部往自己的方向拉，再從皮下刀**切劃**至背部下方脊椎側旁的部位，連同脊骨旁的小塊禽肉一起，將腿部**切下**。另一邊**重複**相同的切法。

2 用一把大刀，**順著**胸骨將家禽的胸肉完整地劃開，刀尖**帶至**胸骨邊緣再將翅膀部位一起**切斷**。

3 自腿部關節處下刀，將棒腿與上端**切開**。

4 將胸部帶翅的部位**切**分開。

5 各部位都完成後可以用來汆燙或煎炒。

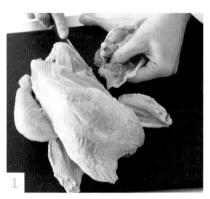

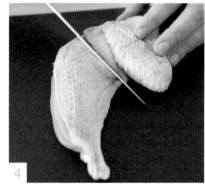

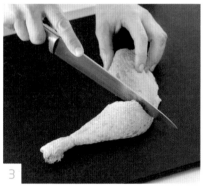

小訣竅：
將剩下的雞架骨留著做高湯。

掃描QR Code，讓廚師教你做：
https://www.youtube.com/watch?v=pawQG-BsFbk

禽肉切開平展的方法
Préparer une volaille en crapaudine

器具

1 把剪刀

1 把刀子

1 將家禽腹部朝下**置於**砧板上。以剪刀沿著脊骨兩側自尾端**剪開**至頸部。

2 用刀尖將頸骨底端三角骨的部位**切斷**，使得身軀部分容易展開。

3 **翻面**後用手掌**輕壓**成平展狀。

4 以小把刀子將外層皮**戳出**一道小開口，將腿骨端穿入固定。

5 切開平展的家禽和固定好的腿骨如圖示。

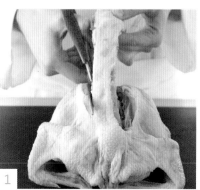

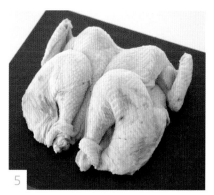

小訣竅：

也可以用針線將平展開來的家禽固定，維持烹煮時的外觀。

禽菲力部位填餡的作法
Farcir de beurre un filet de volaille

器具

1 個擠花袋

1 在膏狀奶油中加入調味料、切細碎的香料草、辛香料等，**調拌成**香料奶油後，**填入**擠花袋中。

2 將帶皮的禽胸肉平**放於**砧板上，手指置於皮層下，把皮與肉稍稍**分開**成一個可供填充的空間。

3 將擠花袋的奶油餡**擠填入**皮層下的空隙裡，壓平並**覆蓋**上外層皮，就可放入烤箱或下鍋煎熟。

小訣竅：
可以用這樣的方式填入鵝肝醬、水果或新鮮的香料葉片。

掃描QR Code，讓廚師教你做：
https://www.youtube.com/watch?v=7R73d6NHanI

鴨菲力部位的處理
Préparer un filet de canard

1 將鴨胸帶皮的一側朝下**置於**砧板上。取廚用小刀將表層的筋膜**挑除**。

2 將周邊多餘的脂肪**切除**。但切除鴨皮時,注意鴨皮不要切至與鴨肉平齊,以免加熱時因鴨皮收縮而鴨肉外露。

3 將鴨柳去筋膜,將刀子刺滑進筋膜下,貼著膜層並順向小心劃開,盡量不要切到鴨肉。

4 翻面後以刀尖在表皮劃上斜格紋,如此一來,加熱時熱度就容易進入胸肉。

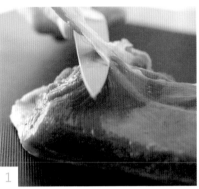
1

2

3

小訣竅:
修切鴨胸肉時,不用擔心切掉過多的脂肪。

4

豬菲力切塊的方法
Tailler un filet de porc en médaillons

1 以廚用小刀將表面的**筋膜切除**，再**切掉**多餘的脂肪。小心不要切掉過多的肉，並注意表面因修整而留下的刀痕要越少越好。

2 以大約 2 公分的間距將肉條切**圓塊**。

小訣竅：
一條豬菲力大約是三個人的份量。這部分的肉質軟嫩，很適合煎炒和悶蒸。這是豬肉中唯一能以七八分熟度享用的部位。

1

2

掃描QR Code，讓廚師教你做：
https://www.youtube.com/watch?v=dnCeRxHHkn8

小牛肉片的切法
Préparer des escalopes de veau

1　將小牛後腿肉（已事先去筋並切除多餘脂肪）**置於**砧板上，左手平放於上方輕壓固定後，將片肉刀刀面稍稍傾斜**片入**肉層。左手要能感覺到刀面片切的動作，並且視需要隨時調整片切的位置，注意肉片的厚度要均勻一致。

2　將肉片**置於**兩張烤紙間，平放在砧板上。

3　固定好烤紙後，利用鍋子底部，或者是肉槌（擀麵棍也可以）**搥打**肉片。翻面後再**重複**搥打。

小訣竅：
搥打的步驟是為了使肌肉的纖維斷裂，這樣肉質才會變得比較嫩，較易烹煮。

掃描QR Code，讓廚師教你做：
https://www.youtube.com/watch?v=R_t0ek1qrF8

肉片裹粉的方法
Paner une viande

食材

6 片小牛肉片

150 克麵包粉

100 克麵粉

2 顆蛋

細鹽

胡椒

1 　**準備**英式裹粉的材料：準備三個容器，分別放入麵包粉、麵粉、加了鹽和胡椒調味的蛋液。

2 　將肉片**放入**麵粉中，拿起後**拍掉**多餘的麵粉。

3 　接著**放入**蛋液裡，均勻沾裹蛋液，取出讓多餘的蛋汁**滴除**。

4 　再**放入**麵包粉中。用手掌輕輕**拍壓**，讓麵包粉可以均勻黏附在肉片上。

5 　裹粉必須均勻，厚度適中，才能增加入口時酥脆的口感。

1

2

3

4

5

小訣竅：

煎炸肉片通常是使用花生油，或者可以像傳統方法使用清奶油。適當的油溫約在 100℃左右，溫度如果過高則容易碳化。

掃描QR Code，讓廚師教你做：
https://www.youtube.com/watch?v=PS2yMH1rlQ8

煨牛肉用的肉塊切法
Détailler des cubes de bœuf à braiser

1 **修整**：將肉塊**去筋**，並且將多餘的脂肪**切除**。

2 先**切**大約 3 公分厚的肉片。

3 再**切**成邊長約 3 公分的肉丁。

4 抹上鹽**調味**以後**沾上**麵粉。**拍掉**多餘的粉後備用。

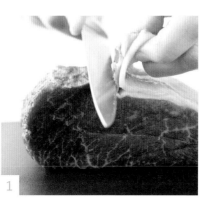

小訣竅：
適合煨牛肉用的部位有上肩胛肉和肩肉。

掃描QR Code，讓廚師教你做：
https://www.youtube.com/watch?v=JGC4qO_iZsE

煎炒用的切肉技巧
Préparer de la viande pour wok

1 **修整**：先將肉塊的筋膜切除，接著切掉多餘的脂肪，再**切成**大小粗細一致的粗條狀。

2 拿一把刀面長且有彈性的大刀，順著肉纖維的方向斜斜地**片**下薄片。左手輕輕按壓在上方，並隨時注意調整刀面片切的方向，使得薄片的厚度均勻一致。

3 禽肉中比較適合煎炒的部位是胸肉。胸肉（雞柳）可以直接**片**成薄片。

小訣竅：
用炒鍋煎炒，要盡量選筋膜少，又軟嫩的肉（像是豬肉中的小里脊、牛的後腰里脊肉、雞柳、鴨胸肉等）。

掃描QR Code，讓廚師教你做：
https://www.youtube.com/watch?v=O5pQAS6OBU4

烤肉串用的禽肉處理技巧
Préparer des brochettes de volaille

器具

竹籤
_____

1 把刀
_____

1 將竹籤**浸泡**在水中，可以避免進烤箱烤時烤焦。

2 將肉**切**成大小一致的肉丁。

3 放入以油、辛香料、檸檬汁、鹽，和新鮮香料草調成的醃汁中**醃浸**至少半個小時。

4 將肉丁依序**插入**竹籤，肉丁之間隔出各幾公釐的空隙，加熱時肉丁的受熱度能更均勻。

1

2

小訣竅：

若要讓肉串看起來有變化，可以將雞柳切成的薄片以左右交互的方式插入竹籤。

3

4

掃描QR Code，讓廚師教你做：
https://www.youtube.com/watch?v=qG-3OJWvlSk

禽肉熟度的探溫法
Contrôler la cuisson d'une volaille

器具

1 支叉子

1 個電子探溫針

1 把刀子或 **1** 根不銹鋼針

1 　當整隻的禽肉煮熟後，以叉子**叉住**固定頭尾兩端，傾斜讓裡面的汁液**流出**。如果汁液是清澈的金黃色且無血水，就表示已經煮熟了。

2 　也可以使用電子探溫針來檢查熟度。將探針插入腿部裡側連接身軀的部位：肉層熟透的溫度應該介於 75℃和 80℃之間。

3 　若是雞胸肉，可用刀面或是不銹鋼針**刺入**雞胸和翅膀連接處來**檢視**：拔出的刀面應該是熱的。

4 　也可以將雞胸或雞柳切開來**查看**，如果雞肉呈白色而且汁液飽滿就表示熟了。

小訣竅：

若是體型大的家禽（閹雞、火雞、珠雞），則要事先用鋁箔紙包覆住，並且延長加熱的時間，但要小心不要讓肉質變得柴硬或焦黑碳化。

掃描QR Code，讓廚師教你做：
https://www.youtube.com/watch?v=unSOgk6mBEM

肉類的煎法和炒法
Poêler et faire sauter une viande

器具

1 個炒鍋

1 支肉夾

1　先在牛肉上撒鹽**調味，放入已**經燒熱，且倒了一些花生油的平底鍋裡。**加熱**幾分鐘直到牛肉上色為止。

2　用肉夾將肉**翻面**，快速地讓表面也**上色**。然後將火稍稍**轉小**，使鍋中的肉末汁液不致焦掉碳化。

3　當加熱到所需的熟度時，**加入**幾塊奶油，並舀起鍋內的汁液不斷地**澆淋**在肉上。

4　將肉**取出**，撒上胡椒**調味**。

小訣竅：

如果是很厚的肉，再煮之前一個小時就要置於室溫下，這樣加熱時才能使熱均勻並到達肉層中心。煎烤後則要用鋁箔紙覆蓋住，這樣做能使肉的纖維變得鬆軟，肉質才會軟嫩。

掃描QR Code，讓廚師教你做：
https://www.youtube.com/watch?v=XBZ-xJ2p0GA

烹煮紅肉時熟度的控制方法
Contrôler la cuisson des viandes rouges

1 **一兩分熟**（bleue）的牛肉以手指按壓時非常軟，而且整塊都是均勻的肉紅色。肉層裡的溫度介於 37℃和 39℃之間。

2 **三四分熟**（saignant）的牛肉用手指壓時也很軟，肉的表層是熟的，而裡層仍是紅色，肉溫則介於 50℃和 52℃之間。

3 **六七分熟**（à point）的肉以手指按壓時會覺得有彈性，外層全熟，裡面的肉帶點粉紅色，肉裡溫度則是介於 53℃和 58℃之間。

4 **九分熟**（bien cuite）的肉較緊實，肉的顏色較白，有明顯的肉質纖維口感並且較乾。肉內的溫度約 58℃。

小訣竅：
加熱時間取決於肉的厚薄和想要的熟度。而熟度的判定則是以手指按壓的方式來檢查。蛋白質（加熱過程中）的凝結會使肉質緊實：肉質越緊實就代表越熟。

掃描QR Code，讓廚師教你做：
https://www.youtube.com/watch?v=klzLo4uMEXo

油脂釋出、焰燒、溶釋精華的方法
Dégraisser, flamber, déglacer

器具

1 個平底鍋

1 盒火柴

1 參考第 90 頁**煎**肉的方法。

2 當肉的兩面都煎上色後,將肉**取出**,把鍋裡多餘的**油脂倒出**。

3 再將肉**重新放回**鍋裡加熱。倒入酒後,以火柴**點火**讓酒精燃燒揮發,將黏附在鍋裡的**精華溶釋**出來。

4 當火焰完全熄滅,酒精揮發殆盡後,再倒入牛肉汁或是小牛高湯將鍋內的**精華溶出**,做成美味濃郁的醬汁。

小訣竅:

如果希望醬汁更濃郁,可以在第二次以小牛高湯溶出鍋底精華後,加入鮮奶油,和幾塊冷的奶油。也可以加進胡椒或辛香料增加風味。

掃描QR Code,讓廚師教你做:
https://www.youtube.com/watch?v=QqnVNmJhoyk

牛肉清湯的作法
Réaliser un consommé de bœuf

食材

1 公斤適合燉煮的牛肉	
1 根韭蔥	
1 根紅蘿蔔	
1 顆洋蔥	
1 束法國香草束（請參第 **24** 頁編註）	
2 顆蒜瓣	

器具

1 把刀	
1 個燉鍋	
1 把大濾勺	

1 將洋蔥**橫切**成兩半。**置於**鋁箔紙中，平的那一面朝下放，以中火**加熱**讓洋蔥成焦褐色。將其他的蔬菜洗淨削皮並切塊。

2 將牛肉**放入**鍋中，倒入清水**蓋過**食材，加熱至沸騰把肉**燙熟**。

3 **倒掉**鍋裡的水，再把肉和清水**放入**鍋裡。放入調味蔬菜（紅蘿蔔，洋蔥，香草束）以小滾的方式**燉煮** 3 個小時。

4 一面加熱一面不斷地將出現在表面的浮沫**撈除**。

5 最後將肉**取出**，濃郁的湯汁則用大濾勺過濾。

小訣竅：

靜置湯汁讓油脂浮至表面，再用小湯勺舀除，或者放入冰箱冷藏幾個小時，讓多餘的油脂凝結，方便刮除。

掃描QR Code，讓廚師教你做：
https://www.youtube.com/watch?v=W_LizRwQUxA

禽肉高湯的作法
Réaliser un bouillon de volaille

食材

1 公斤的雞架骨或 **12** 隻翅膀
2 根紅蘿蔔
1 顆洋蔥
1 片月桂葉
2 支百里香
1 顆蒜瓣
水

器具

1 個燉鍋
1 支浮沫勺

1 　將雞翅或是雞架骨**放入**鍋中，加入清水**蓋過**食材。

2 　**加熱至微滾**，然後**撈除**浮沫，也就是將形成在表面的雜質或是凝結的蛋白質除掉。

3 　**加入**已經切塊的調味用蔬菜（紅蘿蔔、洋蔥、香料草）。**加熱至微滾**後再續煮 45 分鐘到 1 個小時。

4 　加熱過程中，隨時將形成於表面的浮沫**撈除**。

5 　**過濾**高湯，並將容器置於冰塊上快速降溫。

小訣竅：
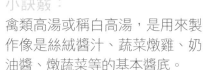

禽類高湯或稱白高湯，是用來製作像是絲絨醬汁、蔬菜燉雞、奶油醬、燉蔬菜等的基本醬底。

掃描QR Code，讓廚師教你做：
https://www.youtube.com/watch?v=PGZ13O6G-3A

禽肉濃汁的作法
Préparer un jus de volaille

食材

20 毫升花生油

1 公斤雞架骨或 **12** 隻翅膀

2 根紅蘿蔔

1 顆洋蔥

1 片月桂葉

2 根百里香

1 顆蒜瓣

水

器具

1 個炒鍋

1 支浮沫勺

1 在熱鍋裡**倒入**一點花生油，將肉翅或是雞架骨**煎上色**。置於一旁備用。

2 在同一只鍋中，**放入**調味用的蔬菜（紅蘿蔔、洋蔥、香料葉），以小火加熱幾分鐘。

3 將之前的雞架骨或肉翅**放入**，加進清水**蓋過**食材。加熱至微滾後，續煮 40 分鐘。

4 在加熱過程中，隨時將表面的雜質**撈除**。

5 **過濾**並置於冰塊上使之冷卻。

小訣竅：

這款濃汁可以搭配烤的雞鴨肉。調煮搭配小牛肉或鴨肉的醬汁時，也可以用它來當底汁。加熱越久，醬汁會越濃稠，味道也會越濃郁。

掃描QR Code，讓廚師教你做：
https://www.youtube.com/watch?v=JpAuuWEzQek

小牛濃汁的作法
Préparer un jus de veau

食材

20 毫升的花生油

切割下來不用的小牛肉

30 克奶油

1 根紅蘿蔔

1 顆洋蔥

1 湯匙濃縮番茄糊

1 杯白酒

水

器具

1 個炒鍋

1 支浮沫勺

1 熱鍋中倒進一點花生油**加熱**。將肉塊先**煎至上色**。接著把火轉小，**加入**奶油。翻拌肉塊使表面均勻沾上奶油，並漸漸焦糖化。

2 **放入**調味用的蔬菜（紅蘿蔔、洋蔥、濃縮番茄糊），以小火續煮 2 到 3 分鐘。

3 倒入白酒將黏附在鍋底的**精華溶釋**進汁液裡。

4 **倒入**清水至鍋中食材的高度，以微滾的方式煮 1 個半小時。

5 將湯汁**過濾**後，置於冰塊上快速降溫。

小訣竅：

盡量選用稍有油脂的肉和幾塊骨頭，使高湯味道濃郁。如果要讓湯汁顏色深一點，可以加進一湯匙的濃縮番茄糊。

掃描QR Code，讓廚師教你做：
https://www.youtube.com/watch?v=e7qhVRVL4VY

食譜 -1-

基礎鹹食

西班牙臘腸法式滑蛋
Œufs brouillés au chorizo

難度	份量	準備時間	烹煮時間
👨‍🍳👨‍🍳	**6** 人份	**8** 分鐘	**10** 分鐘

食材

60 克西班牙臘腸（chorizo）

18 顆蛋

6 小撮細鹽

2 克埃斯佩萊特辣椒粉
（piment d'Espelette）

30 克奶油

100 毫升全脂液態鮮奶油

¼ 束的扁葉巴西里

西班牙臘腸

先將西班牙臘腸**切成**小段。接著將蛋**打入**鋼碗裡。加入細鹽和埃斯佩萊特辣椒粉**調味**。

法式滑蛋（**技巧第** 46 **頁**）

法式滑蛋的作法請參考書中的技巧和左側的食材。完成滑蛋時，**加入**奶油和液態鮮奶油，並用平勺攪拌。

盤飾

將法式滑蛋盛入深盤裡，**放上小段的西班牙臘腸**，再擺上巴西里葉作**裝飾**。

主廚建議

可以將西班牙臘腸換成幾片煙燻火腿片，或者是煙燻鮭魚。

豌豆泥佐鵪鶉水波蛋
Crème de petits pois, œufs de caille pochés

難度	份量	準備時間	烹煮時間
	6 人份	**15** 分鐘	**15** 分鐘

食材

- 豌豆泥

2 顆紅蔥頭

3 顆蒜瓣

少許橄欖油

6 小撮細鹽

500 克冷凍的豌豆

1 公升水

6 小撮埃斯佩萊特辣椒粉
（piment d'Espelette）

3 克粗鹽

100 毫升全脂液態鮮奶油

20 毫升的濃縮巴薩米克醋

¼ 束蝦夷蔥

- 鵪鶉水波蛋

18 顆鵪鶉蛋

100 毫升白酒醋

豌豆泥

將紅蔥頭及大蒜**去外膜**，並切碎。在熱鍋中倒進一點橄欖油，先撒些鹽**炒香**紅蔥頭，再放進切好的大蒜。**倒進**豌豆，加一小撮細鹽**調味並攪拌**均勻。加入水**蓋過**食材，加入埃斯佩萊特辣椒粉調味，再加進粗鹽以大滾的方式加熱 6 分鐘。

接著**加入**液態鮮奶油，再次**加熱至滾**，然後倒入食物調理機裡將之**攪打**成泥。

再次**調整**豌豆泥的鹹度和辣度。

將豌豆泥**過**篩，濾掉裡面的碎豆膜。如果覺得豌豆泥太濃稠，可以加一些水**稀釋**。

鵪鶉水波蛋（**技巧第 49 頁**）

鵪鶉水波蛋的作法請備好左側的食材，並參考書中技巧的説明。

盤飾

將豌豆泥和鵪鶉水波蛋一起盛入盤裡，倒些濃縮的巴薩米克醋，再撒上一些蝦夷蔥**作裝飾**。

主廚建議

可以將冷凍豌豆換成去豆莢的新鮮豌豆，或者是蠶豆，加熱的時間則需要加長至 8 到 10 分鐘。

青泥翠蔬佐帕瑪森脆片
Smoothie vert et légumes croquants, chips de parmesan

難度	份量	準備時間	烹煮時間
🍳🍳	**6** 人份	**10** 分鐘	**30** 分鐘

食材

- 青泥

1 把水田芥

1 根紅蘿蔔

1 根帶葉洋蔥

1 把扁葉巴西里

2 湯匙的橄欖油

1 小撮細鹽

150 毫升全脂液態鮮奶油

- 脆片

100 克帕瑪森乳酪

- 翠蔬

3 根紅蘿蔔

3 根芹菜

30 毫升橄欖油

青泥

將水田芥的葉子**摘除**並**洗淨**。**削**去紅蘿蔔外皮，依第 14 頁的説明**切**成小丁。將帶葉洋蔥**洗淨**並依照第 16 頁的方法**切細**。

把一半的巴西里菜放入加了鹽的滾水裡，**加熱煮** 1 分鐘，然後撈出快速**冷卻**，**瀝乾**水分（這些巴西里將用來增加青泥的顏色）。

在一只鍋中先**加熱** 2 湯匙的橄欖油，然後加一小撮細鹽**炒香**帶葉洋蔥和紅蘿蔔。**加熱煮**兩分鐘後，**加入**水田芥和剩下的巴西里。加入鹽巴並續煮 1 分鐘。加水**蓋過**食材後再以小火續煮約 20 分鐘左右。**倒入**鮮奶油後再次加熱至沸騰。最後將汆燙過的巴西里放進鍋中。

全部倒進食物調理機**攪打** 1 分鐘。**調整**味道後快速**冷卻**，以維持翠綠的顏色。

帕瑪森脆片

將帕瑪森乳酪**刨絲**。烤箱預熱至 220℃。將帕瑪森乳酪末**平鋪**於烤盤上，放入烤箱烤 5 到 6 分鐘直到顏色漸變黃。取出後，用刀子將乳酪稍稍**塑成**需要的形狀，然後放涼。

翠蔬

將紅蘿蔔和芹菜洗淨**削皮**，用刀子**切成**細絲。倒入橄欖油**調味**。

盤飾

將青泥再一次放入調理機**攪打**，讓它形成慕斯狀，倒入杯中**撒**一些脆蔬，放上帕瑪森脆片**裝飾**並**立即享用**。

主廚建議

可以在水田芥外再加些芝麻菜，青泥會多一點辛辣味。

掃描QR Code，讓廚師教你做：
https://www.youtube.com/watch?v=csE_ANWZCmM

藍紋乳酪舒芙蕾
Soufflé au bleu

難度	份量	準備時間	烹煮時間
🎩🎩🎩	**6** 人份	**15** 分鐘	**15** 分鐘

食材

50 克奶油
+20 克塗抹於模內

50 克麵粉
+20 克塗抹於模內

500 毫升牛奶

90 克洛克福藍紋乳酪（roquefort）

6 小撮細鹽

6 圈研磨的胡椒（研磨胡椒罐轉 **6** 次）

4 顆蛋黃

6 個蛋白

貝夏梅爾濃醬（**技巧第 20 頁**）

關於貝夏梅爾濃醬的做法，請依左側食材表備料，並參考書中技巧的說明。**加入**乳酪，稍微**加點**鹽和胡椒**調味**並**攪拌**。**加進**蛋黃後用力快速攪拌。

藍紋乳酪舒芙蕾

備妥左側食材，**打發**蛋白。**加入** ¼ 的貝夏梅爾濃醬並攪拌均勻後，再將剩下的濃醬小心地**拌入**。

烤箱**預熱**至 220℃。將每個模內**塗上奶油**和**麵粉**。將濃糊**填入**模具至 ⅔ 的量，放入烤箱以 220℃的溫度烤 8 到 12 分鐘。

主廚建議

可以將洛克福藍酪換成其他乳酪：帕瑪森、葛瑞爾⋯⋯為了讓舒芙蕾能順利膨起，蛋白不能打過久。舒芙蕾很適合搭配脆爽的沙拉菜。

掃描QR Code，讓廚師教你做：
https://www.youtube.com/watch?v=c3dXIx7KX3E

蘆筍佐荷蘭醬
Asperges, sauce hollandaise

難度	份量	準備時間	烹煮時間
👨‍🍳👨‍🍳	**6** 人份	**15** 分鐘	**15** 分鐘

食材

• 蘆筍

18 根綠蘆筍

12 根白蘆筍

2 顆黃檸檬

20 克奶油

3 圈研磨胡椒（研磨胡椒罐轉 **3** 次）

20 克鹽之花

• 荷蘭醬

200 克奶油

2 顆紅蔥頭

1 顆蒜瓣

150 毫升干白酒

4 顆蛋黃

3 小撮細鹽

1 顆黃檸檬

荷蘭醬（**技巧第 22 頁**）

先將 200 克的奶油慢慢加熱融化，然後撈除在表面的浮沫（第 19 頁的作法），取出清奶油。

熬製荷蘭醬的底汁：先將紅蔥頭和大蒜的外膜去除，切成細碎（第 16 頁的方法），放入鍋裡，並加進白酒和調味料。加熱**煮**到剩大約 3 湯匙的量。**過濾**掉食材，只留湯汁。備妥左側表中的食材，並參考書中荷蘭醬汁的作法，把食材裡的水換成上述的濃汁。完成後將荷蘭醬以隔水加溫的方式保存。

蘆筍

將蘆筍依照第 32 頁說明**削去外皮**後，依照顏色**綁成**束。將檸檬外皮**刨掉，取汁**。

將一大鍋加了鹽的水**煮開**，把蘆筍**放入滾水**中煮 5 到 8 分鐘，煮好就撈起。接著放入加了一些奶油的平鍋裡稍微煎一下，並放進一些檸檬皮屑。

盤飾

將白綠蘆筍交錯的**排好**，然後**澆淋**上一點荷蘭醬，撒上一些胡椒和鹽之花**調味**。

主廚建議

在荷蘭醬裡可以加些新鮮的香料草和辛香料，讓醬汁的風味更特別。如果只要做快速簡易的醬汁，也可以直接用水做簡單的沙巴雍醬，再加幾滴檸檬汁。

掃描 QR Code，讓廚師教你做：
https://www.youtube.com/watch?v=jwNGUyiXFT8

手作細麵雞湯
Soupe de poulet aux vermicelles maison

難度	份量	準備時間	烹煮時間	靜置
👨‍🍳👨‍🍳	**6** 人份	**15** 分鐘	**55** 分鐘	**1** 小時

食材

- 雞湯

1 顆洋蔥

3 顆丁香

2 根紅蘿蔔

2 克稍加輾壓的黑胡椒

10 隻雞翅

3 支扁葉巴西里

1 束法國香草束（請參第 **24** 頁編註）

- 製作細麵的麵糰

150 克麵粉

2 顆蛋

150 毫升的牛奶

1 小撮細鹽

雞湯

將洋蔥去外層膜後**分切**成四瓣，然後將丁香刺入。紅蘿蔔**削皮**後**斜切**成片。稍稍輾壓胡椒。之後備妥左側表中的食材，依 94 頁中的做法煮雞湯。

細麵

將麵粉**倒入**大碗中並在中心挖一個洞。漸次**加入**雞蛋並不停攪拌，避免顆粒的形成。**加入**牛奶讓麵糰變軟，加進細鹽**調味**。然後靜置 1 個小時。

將湯汁**再加熱**，當它沸騰時，用叉子在麵糰裡稍稍攪拌後，提起叉子置於湯汁正上方，晃動叉子讓麵糊**形成**細長條，然後滑進下方的熱湯裡，加熱煮約 3 分鐘。

盤飾

趁熱**盛入**深盤中，加些切細的巴西里**作裝飾**即完成。

主廚建議

可以將高湯裡的雞翅肉取下放入麵湯裡。

掃描QR Code，讓廚師教你做：
https://www.youtube.com/watch?v=5MyddOQn5YE

義大利麵疙瘩佐綠蘆筍鮮番茄

Gnocchis faits maison, asperges vertes et concassée de tomates fraîches

難度	份量	準備時間	烹煮時間
🄯🄯🄯	**6** 人份	**20** 分鐘	**35** 到 **40** 分鐘

食材

- 配菜

6 顆番茄

1 顆洋蔥

5 毫升的橄欖油

2 小撮的細鹽

1 根迷迭香

1 束法國香草束（請參第 **24** 頁編註）

2 小匙的糖

18 根綠蘆筍

30 克奶油

50 克帕瑪森乳酪末

- 義大利麵疙瘩

1 公斤質地鬆軟的馬鈴薯

1 顆蛋

350 克的麵粉

幾小撮細鹽

幾圈研磨胡椒（研磨胡椒罐轉數次）

20 克粗鹽

20 克奶油

配菜

首先依左側食材備料，再依照 51 頁的作法將番茄去皮。當番茄片切好時，再**切成**小丁。洋蔥**去外膜**細切成碎丁（參照第 16 頁），然後依照 50 頁的做法和左側的食材**準備**碎番茄。

依照 32 頁的說明把蘆筍煮熟。先將蘆筍的**芽點剔除**，然後再 ⅔ 處**切斷**。再分切為二，**放入**鍋裡，**加入**一半高度的水量。**放進**一小塊奶油和一小撮鹽巴，加熱煮至水份完全蒸發。

義大利麵疙瘩

依左側食材表備料，參照 40 頁的作法製作義大利麵疙瘩。將一大鍋加了鹽巴的水**加熱煮開**，然後**放入**麵疙瘩。當麵疙瘩浮至表面時就撈出**瀝掉水分**。

將平底鍋預熱後放入奶油，再放進麵疙瘩稍稍加熱煎上色。**放進**碎番茄和蘆筍，輕輕攪拌。

盤飾

撒上一些帕瑪森乳酪末即完成。

主廚建議

也可以依照季節選用其他像是嫩蠶豆或豌豆等食材。

鮮香餃佐清脆蔬菜湯
Ravioles fraîches et parfumées, bouillon de légumes croquants

難度	份量	準備時間	烹煮時間
👐👐	**6** 人份	**25** 分鐘	**15** 分鐘

食材

- 蔬菜高湯

1 段韭蔥白色的部位

3 根紅蘿蔔

2 顆紅蔥頭

1 顆茴香球莖

50 毫升的橄欖油

6 小撮細鹽

100 毫升的干白酒

500 毫升的水

- 鮮香餃

1 小束蝦夷蔥

2 塊新鮮羊乳酪條

1 小撮鹽之花

3 克匈牙利紅椒粉（paprika）

18 張水餃皮

1 顆蛋黃

蔬菜高湯（**技巧第** 18 **頁**）

先將所有蔬菜**洗淨**。韭蔥白色段**縱切**成 4 段後再**切薄片**。依照第 16 頁的方法將紅蘿蔔和紅蔥頭**去皮**切細，茴香洗好後也**切薄片**。

在一只炒鍋或平底鍋內**倒入**一點橄欖油，放入一點鹽巴將紅蔥頭**炒香**。**加入**韭蔥**炒香** 2 到 3 分鐘。接著**放入**紅蘿蔔和茴香，再撒一點鹽，倒入白酒和水。以中火**加熱煮** 10 至 12 分鐘。

鮮香餃

取一部分的蝦夷蔥切碎。在一只大碗裡放入新鮮羊乳酪和蝦夷蔥末，加入鹽之花和匈牙利紅椒粉**調味拌勻**。

將水餃皮**攤平**在工作檯面上，**沾塗**上蛋黃液，在每片水餃皮中央**放**上乳酪，折起**覆蓋**壓合。

將加熱蔬菜湯的火**轉小**成微滾，**放入**水餃並**煮** 2 分鐘。

盤飾

先將蔬菜撈出**置於**深盤中央，再**放上** 3 個水餃，舀一點湯汁。最後**擺上**幾根蝦夷蔥即可**享用**。

主廚建議

可以事先準備好餃子，但要用保鮮膜和乾淨的廚用擦巾包覆存放在冰箱裡。

西班牙臘腸透抽小盅蛋
Œuf cocotte, calamars à l'espagnole

難度	份量	準備時間	烹煮時間
	6 人份	**10** 分鐘	**8** 分鐘

食材

100 克透抽身體部位

60 克油漬番茄

1 顆蒜瓣

1 顆紅蔥頭

50 克西班牙臘腸

20 毫升橄欖油

6 小撮細鹽

2 克埃斯佩萊特辣椒粉
（piment d'Espelette）

18 顆蛋

透抽

依照第 60 頁的方法準備透抽。再將透抽白色的部分**切**成小方塊。接著把每個油漬番茄**切**成 3 小塊。**去掉**大蒜和紅蔥頭的外膜後**切細**（第 16 頁的技巧）。然後將西班牙臘腸先**切**細長條後再切小方塊。
在熱鍋中倒進一點橄欖油，然後放入大蒜和紅蔥頭末**炒一下**。加入細鹽和埃斯佩萊特辣椒粉**調味**。1 分鐘之後再放進透抽丁。再一次**調味**後**加入**油漬番茄和西班牙臘腸。炒好後備用。

法式小盅蛋

將一大鍋水**煮開**。參考 45 頁的作法利用敲蛋器**準備**法式小盅蛋。再用小湯匙把先前的透抽餡**填**一些到每個蛋裡，放入鍋裡以微滾的方式**煮** 3 分鐘。取出後即可**享用**。

主廚建議

可依照個人喜好變化不同的餡料。

紅蔥鮪魚鹹派
Quiche thon et échalotes

難度	份量	準備時間	烹煮時間
🧑‍🍳	**6** 人份	**15** 分鐘	**35** 分鐘

食材

- **蔬菜餡料**

1 顆紅蔥頭

2 個茄子

40 毫升橄欖油

6 小撮細鹽

2 克埃斯佩萊特辣椒粉
（piment d'Espelette）

- **蛋黃奶油液**

2 顆蛋

2 個蛋黃

250 毫升的全脂液態鮮奶油

250 毫升牛奶

- **鹹派**

10 克奶油

2 卷酥皮麵團（參考第 **182** 頁）

200 克油漬鮪魚

蔬菜餡料

烤箱**預熱** 180℃。紅蔥頭**去外層膜**並**切細碎**（第 16 頁的技巧）。將茄子**洗淨切掉**頭尾後**切**成約 1 公分厚的圓片，接著切條，再切丁（參照 14 頁的說明）。

在一只大平底鍋裡**倒入**一點橄欖油，然後將紅蔥頭**炒香**。接著**放入**茄子丁，加入鹽巴和埃斯佩萊特辣椒粉**調味**。以小火**煮**約 15 分鐘。

蛋黃奶油液

將蛋和蛋黃打散**拌勻**。**加入**鮮奶油和牛奶，然後放入細鹽和埃斯佩萊特辣椒粉（或胡椒）**調味**。

鹹派

將 6 個不鏽鋼圈模（或是小的塔模）內面**塗上奶油**，並將鹹派派皮**切整**成比圈模稍大的圓形。將派皮**放入**圈模裡，先放上一層稍微**捏散**的鮪魚末，然後**加進**炒過的茄子，接著**倒入**蛋黃奶油液。**放入** 180℃的**烤箱**烤 20 至 25 分鐘。

主廚建議

如果希望派皮口感較酥脆的話，可以在填入餡料之前先烤一次（放上烤紙，鋪滿重石以 180℃烤約 15 分鐘）。

也可以用大的烤模來烤。放入烤箱先用 200℃烤 20 分鐘，接著以 180℃續烤 15 分鐘。

掃描QR Code，讓廚師教你做：
https://www.youtube.com/watch?v=0lUkijivP3A

食譜 -2-

魚類&海鮮

番茄羅勒鱸魚捲佐西班牙燉飯

Filet de bar, pesto rosso, risotto aux tomates confites et chorizo

難度	份量	準備時間	烹煮時間
👨‍🍳👨‍🍳	**6** 人份	**25** 分鐘	**20** 到 **25** 分鐘

食材

● 番茄羅勒醬

1 小束羅勒

30 克松子，**30** 克大蒜

30 克帕瑪森乳酪

100 毫升橄欖油

30 克油漬番茄

● 魚片

6 片鱸魚

3 小撮細鹽

4 小撮埃斯佩萊特辣椒粉
（piment d'Espelette）

10 克紅胡椒粒

● 燉飯

1 個洋蔥，**50** 克西班牙臘腸

40 克油漬番茄

50 毫升橄欖油

300 克卡納羅利米（carnaroli）

100 毫升干白酒

20 克番茄糊

800 毫升魚高湯

3 小撮細鹽

40 克奶油

50 克帕瑪森乳酪末

50 克芝麻菜

番茄羅勒醬（**參照第 27 頁說明**）

番茄羅勒醬的製作請先準備左側的食材，參照第 27 頁的說明，並將油漬番茄加進研磨的步驟中。

燉飯

依第 16 頁的作法將洋蔥**切細碎**。再將西班牙臘腸和油漬番茄**切成細條**。接著備妥左側食材，參第 34 頁的步驟，漸次**加入**高湯和番茄糊。**放入切好的油漬番茄和臘腸**，**調味**並拌入奶油和帕瑪森乳酪**即完成**。

鱸魚片

先將鱸魚的魚刺挑除，接著在靠近魚片中央的位置，用尖刀平刺入魚皮下方，將魚皮和魚肉切開成一個約 5 公分的開口，然後填入番茄羅勒醬。翻面在魚肉上撒細鹽和埃斯佩萊特辣椒粉調味，接著捲起魚片，再用木籤或細繩固定。
在炒菜鍋中倒入水加熱至沸騰，倒進紅胡椒粒（留一些用來擺盤）。在鍋中架上蒸盤，放上魚片捲。關火，蓋上鍋蓋靜置約 6 至 7 分鐘。

盤飾

燉飯上擺幾片芝麻菜的葉片，放上魚片捲後再撒一些紅胡椒粒。

主廚建議

也可以在魚片上倒一些橄欖油後，放入預熱 200℃的烤箱烤 8 分鐘。

掃描QR Code，讓廚師教你做：
https://www.youtube.com/watch?v=KwN7pXBdPWE

法式白醬魚丁
Blanquette de poisson

難度	份量	準備時間	烹煮時間
👨‍🍳👨‍🍳	**6** 人份	**20** 分鐘	**40** 分鐘

食材

• 配菜

2 根韭蔥

8 根紅蘿蔔

6 根蔥

400 克洋菇

1 個洋蔥

¼ 束扁葉巴西里

1 小塊如栗子大小的奶油

6 小撮細鹽

350 克印度香米

100 毫升橄欖油

6 圈研磨胡椒（研磨胡椒罐轉 **6** 次）

100 毫升的干白酒

200 毫升的雞高湯

1 束調味香草

• 魚

400 克鮭魚菲力

400 克鯛魚菲力

• 醬汁部分

150 克奶油

30 克麵粉

200 毫升全脂液態鮮奶油

配菜

關於蔬菜的切法，請參考第 14 頁。先將韭蔥縱**切**成四份，接著切細。紅蘿蔔**削皮**後也**切**薄片。帶葉洋蔥**去外膜**後**切薄片**。**削掉**洋菇的外層，再縱**切**為數小塊。依照第 16 頁的步驟，**剝除**洋蔥外層後再**切細**。依照第 17 頁的作法將扁葉巴西里**切碎**。

加熱平底鍋，倒入奶油，放入一半的韭蔥和洋蔥，還有一小撮的細鹽**炒香**。依照第 37 頁的步驟準備米飯。把米倒入鍋中稍稍攪拌，倒入米量 1 倍半的水，蓋上鍋蓋後以中火加熱 10 至 12 分鐘。在另一只鍋中倒入一些橄欖油加熱，加入一小撮細鹽將剩下的韭蔥加熱 2 到 3 分鐘**炒香**。將剩下的菜**放入**鍋裡，**調味**加熱煮 2 分鐘。倒入白酒**溶出鍋底焦香精華**，接著**倒入**雞高湯，放進香草束。用中火**加熱煮** 15 到 20 分鐘。

法式白醬魚

將魚片**切成**大丁。在平底鍋裡放入奶油加熱使其**融化**，**倒入**麵粉**攪拌**成奶油麵糊（第 20 頁的說明），置於一旁備用。將湯汁裡的蔬菜**過濾**後，**留下**高湯，接著**加入**液態鮮奶油。**沸騰**幾秒之後漸次加入奶油麵糊讓湯汁慢慢變的**濃稠**。再**放入**蔬菜和魚塊。用小火**加熱** 5 至 6 分鐘。

盤飾

先將米飯**盛入**深盤裡，接著**擺上**魚塊和蔬菜。

主廚建議

也可以嘗試用多種不同的魚，但要選肉質緊實的魚（鱸魚、鮟鱇魚）。如果加入甲殼類海鮮，白醬的風味更加豐富！

掃描QR Code，讓廚師教你做：
https://www.youtube.com/watch?v=qFvJTUq3Du0

貝汁鱸魚片佐賽凡洋蔥紅蘿蔔

Pavé de bar au jus de coquillages, carottes et oignons des Cévennes

難度	份量	準備時間	烹煮時間
🧑‍🍳🧑‍🍳🧑‍🍳	**6** 人份	**20** 分鐘	**35** 分鐘

食材

• 貝汁部分

300 克的蛤蠣

300 克的淡菜

1 小撮粗鹽

2 顆紅蔥頭

50 毫升橄欖油

200 毫升干白酒

• 配菜

2 個賽凡地區產的白洋蔥（Cévennes）

1 束帶莖葉的紅蘿蔔

30 毫升的橄欖油

10 克的白砂糖

30 克奶油

• 魚片

6 塊 **140** 克的鱸魚片

6 圈研磨胡椒（研磨胡椒罐轉 **6** 次）

6 小撮細鹽

300 毫升全脂液態鮮奶油

貝汁

將貝類**洗淨**（參考第 61 頁的步驟）後放入大碗中，加入冷水和粗鹽使之**吐砂**，最後將水**瀝掉**。依照第 16 頁的步驟將紅蔥頭**剝去**外層皮並**切碎**。在湯鍋中倒入一些橄欖油，將紅蔥頭**炒香**，然後**加進**白酒和貝類（第 73 頁的說明）。倒入冷水並**蓋過**食材，加熱**煮滾** 20 分鐘。接著將湯汁**過濾**，夾取出幾顆已打開的貝類備用。

配菜

將洋蔥先**切半**，再**切**成寬 0.5 公分的細條狀。紅蘿蔔**削去**外皮後**切薄片**。

將一湯匙的橄欖油倒入平底鍋裡，放入洋蔥加熱**炒香** 5 分鐘。**加入**紅蘿蔔，並倒進貝汁至食材高度的一半。接著**放**糖和奶油，續**煮**至湯汁收乾，此時紅蘿蔔會形成一層晶亮的外層（第 54 頁的步驟）。

鱸魚片

先在魚片上撒**鹽**和**胡椒**調味。平底鍋裡**倒入**貝汁至鍋子高度的一半，加熱至**沸騰**。**放入**鱸魚片，蓋上鍋蓋加熱**煮** 5 分鐘。將魚片**取出**後繼續將鍋裡的湯汁**煮滾**，並且漸漸濃縮至 3⁄4 的量，然後倒入**鮮奶油**並充分**攪拌**。

盤飾

先在圓盤裡**放**一些蔬菜襯底，再**擺**魚片，**淋**上一些醬汁後，**加入**幾顆殼已開的貝類於一旁點綴。

主廚建議

也可選用白洋蔥或羅斯可夫（Roscoff）產的洋蔥代替賽凡洋蔥。

掃描QR Code，讓廚師教你做：
https://www.youtube.com/watch?v=3P7IHF7P8cA

燙鯖魚捲佐英式洋芋

Maquereaux pochés et pommes de terre à l'anglaise

難度	份量	準備時間	烹煮時間
	6 人份	**30** 分鐘	**25** 分鐘

食材

800 克質地緊實的馬鈴薯

2 顆紅蔥頭

1 根西洋芹

1 顆黃檸檬

¼ 束的蝦夷蔥

½ 束細葉芹

6 條鯖魚或 **12** 塊鯖魚片

10 克粗鹽

100 毫升干白酒

幾顆黑胡椒

50 毫升橄欖油

馬鈴薯

以廚房用小刀將馬鈴薯**削切**出如橄欖球狀。放入冷水裡**浸泡**備用。接著鍋中放進馬鈴薯、冷水（依每公升的水加 10 克的方式計算，加入所需的粗鹽）**加熱**至沸騰後續煮 10 到 15 分鐘。

鯖魚

片下鯖魚菲力後**剔除魚刺**。接著將魚片**捲起**並用細繩或牙籤固定。**剝除**紅蔥頭的外層膜並依 16 頁的刀法**切碎**。削除西洋芹的外層皮後**切細片**（將嫩葉留下備用）。

黃檸檬**切**大塊。西洋芹葉**切碎**，參考第 17 頁的刀法將香料草葉切碎。蝦夷蔥**切**成約 2 公分的小段，細葉芹則**切碎**。

將同等量的酒和水一起倒入鍋中**加熱**至沸騰，**放進**檸檬、紅蔥頭和西洋芹，撒一些鹽並加入胡椒粒。加熱**煮** 5 分鐘。**放入**鯖魚並再次**加熱沸騰**（第 69 頁）。關火後加蓋**悶** 3 分鐘。將魚翻面再悶 3 分鐘。

盤飾

將鯖魚和洋芋**擺盤**後在表面**撒**上切碎的細葉芹和蝦夷蔥。**淋**上一些湯汁和一點橄欖油。

主廚建議

選用質地緊實和大小差不多的馬鈴薯。

掃描 QR Code，讓廚師教你做：
https://www.youtube.com/watch?v=xqKTNx2L-tc

白奶油醬鮭魚捲
Paupiettes de saumon et beurre blanc

難度	份量	準備時間	烹煮時間
👩‍🍳	**6** 人份	**15** 分鐘	**15** 分鐘

食材

• 魚的部分

6 塊鮭魚片

6 小撮鹽之花

6 圈研磨胡椒（研磨胡椒罐轉 **6** 次）

5 克紅胡椒

2 根龍蒿

• 香料汁

30 根綠蘆筍

1 顆八角

3 個綠豆蔻莢

3 克茴香籽

50 毫升橄欖油

300 克豆芽

1 小撮細鹽

• 白奶油醬

125 克奶油

2 顆紅蔥頭

5 根龍蒿

100 毫升干白酒

100 毫升巴薩米克白醋

6 小撮細鹽

6 圈研磨胡椒（研磨胡椒罐轉 **6** 次）

鮭魚捲

將新鮮鮭魚斜**切**成方便捲起的魚片。撒上鹽之花和胡椒**調味**，再撒上幾粒紅胡椒和幾片龍蒿葉。接著**包捲成**魚捲並用牙籤**刺入**固定。

香料汁

依照第 32 頁的步驟**削去**蘆筍的外皮。將蘆筍尖端**切薄片**，剩下的部位斜切成 0.3 到 0.4 公分長的小段。將一鍋水煮開，加入八角、綠豆蔻莢和茴香籽。在炒鍋中倒進一些橄欖油，加一小撮細鹽**拌炒**豆芽和蘆筍（參照第 53 頁）。將浸過香料的水過濾倒進蔬菜裡。加熱至沸騰，接著將一個蒸盤**置**於其上，再將魚捲**擺**好。加蓋後**煮** 3 到 4 分鐘。

白奶油醬（第 24 頁的步驟）

先將左側的食材備妥，再依第 24 頁的步驟準備白奶油醬。最後加進切的細碎的龍蒿葉（第 17 頁），調味後即完成。

盤飾

將蔬菜**盛**入深盤裡，再將魚捲**置**於其上，**淋**上一些白奶油醬。撒上龍蒿葉作**裝飾**。

主廚建議

這道菜也可以搭配由橄欖油、巴薩米克白醋和切碎的香料草葉調製而成的油醋醬，風味一樣佳（且更爽口）。

掃描 QR Code，讓廚師教你做：
https://www.youtube.com/watch?v=c-XqGU19ydE

春蔬燴螯龍蝦
Navarin de homard aux légumes printaniers

難度	份量	準備時間	烹煮時間
👨‍🍳👨‍🍳👨‍🍳	**6** 人份	**15** 分鐘	**1** 小時

食材

• 龍螯蝦和蝦蟹濃湯

6 隻 **500** 克的布列塔尼龍螯蝦

1 個洋蔥，**1** 個紅蔥頭

20 毫升橄欖油

1 支新鮮的百里香

2 顆蒜瓣

10 克濃縮番茄糊

70 毫升的白蘭地

• 奶油麵糊

30 克奶油

30 克麵粉

• 配菜

6 根綠蘆筍

200 克荷蘭豆

2 根櫛瓜

200 克新鮮豌豆仁

6 根帶葉洋蔥

300 毫升的水

40 克奶油

15 克白砂糖

6 小撮細鹽

3 根紅蘿蔔

龍螯蝦和蝦蟹濃湯

依照第 64 頁的步驟將螯龍蝦的大螯和尾端**摘除**。接著將大螯放入滾水中**煮** 6 分鐘，尾端煮 3 分鐘後取出**瀝掉**水分，**剝掉外殼**並將蝦頭裡橘紅色的部位取出**備用**。將蝦頭**敲碎**成小塊。洋蔥和紅蔥頭**剝掉**外層後**切碎**。備妥左側食材依照第 75 頁的步驟**製作**蝦蟹濃湯。

奶油麵糊（第 20 頁的步驟）

採用左側的食材做奶油麵糊。加進前述蝦頭橘紅色的部位。將一部分熱的蝦蟹濃汁和冷的奶油麵糊調勻，然後全部倒入鍋中加熱熬煮，**大滾**之後再續滾 5 分鐘讓湯汁更濃稠。**保持**溫熱備用。

配菜

蔬菜的切法請參照第 14 頁。在平底鍋中**放入**削皮切好的綠蘆筍（第 32 頁的步驟），切成兩半的荷蘭豆、切棒狀的櫛瓜、豌豆仁和削去外膜的帶葉洋蔥（綠色的部位不用），加入一杯水，20 克的奶油，一小撮的糖和一小撮的細鹽。同樣的方法煮削皮切薄片的紅蘿蔔。同時**加熱**兩只平底鍋**煮**到水份完全蒸散（第 54 頁）。**檢視**熟度。

盤飾

將龍蝦肉**切**成圓片。把蔬菜、蝦螯和蝦尾**放入**蝦蟹濃汁中以小火加熱**煮** 2 分鐘。**盛入**深盤裡。

主廚建議

6 人份的食譜也可以只用 2 隻龍蝦，以魚片補足剩下的份量，節省食材費用。

掃描QR Code，讓廚師教你做：
https://www.youtube.com/watch?v=zZbhJ-JN9HE

香煎芝麻鮮干貝佐蘆筍

Saint-Jacques au sésame, asperges rôties

難度	份量	準備時間	烹煮時間
👨‍🍳👨‍🍳	**6** 人份	**15** 分鐘	**10** 分鐘

食材

1 把綠蘆筍

30 克奶油

6 小撮細鹽

18 顆干貝

50 克白芝麻粒

20 毫升橄欖油

30 毫升米醋

20 毫升日本清酒

40 毫升醬油

蘆筍

依照 32 頁的說明把蘆筍外皮**削除**。尾端**切掉**一些後保留整支蘆筍。將蘆筍放入平底鍋中，加入奶油，鹽和高度至一半的水，加熱**煮** 5 分鐘直到水份完全蒸散。

干貝（參照第 62 頁說明）

自扇貝中**取出**新鮮的干貝，**切除**周圍和鮮橘色的部位。仔細**清洗**將沙子沖掉。置於廚用吸水紙上**擦乾**水分，再放入白芝麻裡**滾動**（讓表面都沾附上芝麻粒）。

在平底鍋裡**倒進**一些橄欖油，加熱 1 分半鐘將干貝的每一面都**煎上色**。**撒鹽**調味後取出置於廚用吸油紙巾上。

在同一只平底鍋中**倒入**米醋、清酒和醬油。**加熱至沸騰**後備用。

盤飾

蘆筍放入盤裡**排好**，再將干貝**置於**其上。

淋上醬汁，一些芝麻油作裝飾。

主廚建議

也可以利用刨片器將蘆筍刨成薄片後，倒入芝麻油浸漬幾分鐘。再將干貝置於其上。

掃描QR Code，讓廚師教你做：
https://www.youtube.com/watch?v=hTBZXBZGAUA

香炙奶油生蠔
Huîtres chaudes au beurre d'herbes

難度	份量	準備時間	烹煮時間
👨‍🍳👨‍🍳	**6** 人份	**25** 分鐘	**15** 分鐘

食材

¼ 把扁葉巴西里

¼ 把新鮮芫荽

1 顆紅蔥頭

100 克奶油

6 小撮細鹽

6 圈研磨胡椒（研磨胡椒罐轉 **6** 次）

18 顆上等生蠔

300 克粗鹽

香草奶油

依照第 17 頁的步驟將巴西里和芫荽的**葉片摘下**並**切碎**。紅蔥頭**剝去外層**皮後**切碎**（第 16 頁）。

以打蛋器將已經軟化了的奶油和切細碎的香草、紅蔥頭等一起**打匀**，加入鹽和胡椒。

生蠔（**參照第 63 頁說明**）

將烤箱調至燒烤的功能並**預熱**。依照第 63 頁的步驟將生蠔**打開**，**倒掉**裡面的汁液。挖一點香草奶油，**鋪**在生蠔上。將生蠔放在粗鹽上**炙烤** 3 分鐘。連粗鹽一起取出後即可**享用**。

主廚建議

也可以在奶油裡加入一至兩小匙的干白酒：香草奶油糊就多了些白奶油醬的香氣。

蜜醬鱈魚搭洋菇義式玉米糕
Dos de cabillaud laqué au miel de soja polenta aux champignons

難度	份量	準備時間	烹煮時間
👐👐	**6** 人份	**15** 分鐘	**10** 分鐘

食材

● 配菜

300 克洋菇

2 顆紅蔥頭

40 毫升橄欖油

6 小撮細鹽

1 公升牛奶

200 克義式粗粒玉米粉

60 克奶油

50 毫升全脂液態鮮奶油

4 根扁葉巴西里

● 魚

40 毫升橄欖油

6 片 **150** 克的鱈魚塊

● 醬汁

30 克蜂蜜

50 毫升醬油

50 毫升巴薩米克醋

義式玉米糕

將洋菇外層**削**掉後**切塊**。依照第 16 頁將紅蔥頭外層**剝除**並**切細碎**。在一只加熱的平底鍋中倒入一些橄欖油，將洋菇煎上色。**加進**一小撮的細鹽、切碎的紅蔥頭，再**加**一小撮鹽。**加熱煮** 2 分鐘後置於一旁**備用**。

將牛奶**加熱至沸騰**，撒入粗粒玉米粉（第 38 頁）後**攪拌** 3 分鐘。**加進**洋菇、奶油、液態鮮奶油，然後**攪拌**備用。

鱈魚和醬汁

將平底鍋**加熱**並倒入橄欖油。參考第 70 頁的步驟先將魚皮面**煎香**。**翻面**後加入蜂蜜、醬油和巴薩米克醋並**關火**。將鍋裡的醬汁舀起**澆淋**在魚塊上，蓋上鋁箔紙**靜置**悶 3 分鐘。

盛盤及盤飾

先將義式玉米糕**盛入**深盤裡。再放上魚片，**淋上**一些醬汁。最後放上幾片扁葉巴西里做**裝飾**。

主廚建議

建議選用較厚的鱈魚塊，靠近頭部的魚片較厚，切出的魚塊會比尾端的部位來的理想。

掃描 QR Code，讓廚師教你做：
https://www.youtube.com/watch?v=S4OcDhpMpBc

紙包櫛瓜茴香鱈魚
Papillote de cabillaud aux courgettes et fenouils

難度	份量	準備時間	烹煮時間
🍳	**6** 人份	**20** 分鐘	**10** 到 **15** 分鐘

食材

- 烤紙包的食材

3 條櫛瓜

6 顆小茴香球莖

1 顆綠檸檬

6 小撮鹽之花

6 圈研磨胡椒（研磨胡椒罐轉 **6** 次）

6 塊 **150** 克的鱈魚片

6 小撮埃斯佩萊特辣椒粉
（piment d'Espelette）

- 醬料

1 顆紅蔥頭

125 克奶油

1 小撮細鹽

30 毫升的巴薩米克白醋

60 毫升水

蔬菜

烤箱**預熱** 230℃。將蔬菜**洗淨**，櫛瓜縱**切**成兩半後再切薄片（第 14 頁）。將茴香斜**切成細薄片**。綠檸檬也**切**薄片。依 16 頁刀法將紅蔥頭**切成細丁**。奶油**切**小塊後置冷藏。

紙包魚（**參照第** 67 **頁說明**）

關於紙包魚的部分請參照第 67 頁的步驟。先**準備** 6 張 22 公分寬 30 公分長的長方形烘焙紙。將櫛瓜和茴香放入大碗中，加些鹽和胡椒調味**拌勻**。在每張烤紙的中央**鋪**上一些蔬菜，然後放上一塊魚片，撒一些鹽之花、埃斯佩萊特辣椒粉，以及一片檸檬。將紙的邊緣**捏合**時盡量留多一些的空氣在裏頭。**放入烤箱**以 230℃的溫度烤 8 到 10 分鐘。

醬汁

在一只湯鍋裡先**放入**切碎的紅蔥頭及一小撮的細鹽、一湯匙的巴薩米克白醋和 2 湯匙的水。加熱至**沸騰**後，依序**加進**切成小塊的冷藏奶油，然後不停地用力快速**攪拌**使奶油均勻乳化：此時醬汁質地應變得濃稠。

這道菜餚**盛盤**時只需將紙打開，醬汁置於一旁即完成。

主廚建議

奶油醬汁的製作如果沒有巴薩米克白醋的話，可以用 ½ 顆檸檬的汁來取代。

掃描QR Code，讓廚師教你做：
https://www.youtube.com/watch?v=tAShUFhR0d4

金絲大蝦佐摩洛哥沙拉
Gambas en kadaïf, salade à la marocaine

難度	份量	準備時間	烹煮時間
	6 人份	**20** 分鐘	**15** 分鐘

食材

• 沙拉

2 個紅椒

6 根紅蘿蔔

1 把帶葉洋蔥

1 條櫛瓜，**2** 顆茴香球莖

½ 小把新鮮薄荷

1 小把新鮮芫荽

2 顆綠檸檬

10 克粗鹽，**8** 克細鹽

80 毫升橄欖油

10 克孜然籽

10 克蜂蜜，**1** 顆蒜瓣

50 克青葡萄乾

50 毫升巴薩米克醋

30 毫升摩洛哥堅果油

• 大蝦

30 隻冷凍大蝦

3 小撮細鹽

2 克埃斯佩萊特辣椒粉
（piment d'Espelette）

20 毫升橄欖油

200 克庫納法細麵線（kadaïf）

200 毫升的炸油

沙拉

將紅椒**削皮**後切開**去籽**切丁。紅蘿蔔**削皮**後**切薄片**。帶葉洋蔥**洗淨**後縱**切**成四（綠色部分不用）。櫛瓜**洗淨**後先縱**切**為四，接著切薄片。茴香洗淨後切小丁。將薄荷和芫荽的葉子**摘下**後依 17 頁的刀法**切碎**。將檸檬外皮**刨成**細屑。**煮開**一大鍋加了鹽的水然後放入茴香**汆燙** 3 分鐘。撈出**瀝乾備用**。

在加熱的平底鍋裡倒入兩湯匙的橄欖油，再加入紅蘿蔔和帶葉洋蔥蔥白，撒一小撮鹽**炒軟**，然後**加進**一湯匙的孜然和一湯匙的蜂蜜。**加熱煮** 1 分鐘後倒入半杯的水。接著加蓋並**續煮**直到水分蒸散後備用。在熱的平底鍋裡倒入兩湯匙的橄欖油和櫛瓜，**炒軟**後撒一小撮鹽，放入一顆用手壓過，帶蒜皮的大蒜，繼續**加熱** 2 分鐘然後取出**備用**。用同樣一只鍋子和**方法**將紅椒炒過

把所有的蔬菜倒入一個容器裡，加進青葡萄乾、調味香草、檸檬屑和巴薩米克醋，**拌勻**後**備用**。

大蝦（參照第 66 頁說明）

依照 66 頁的方法將大蝦**剝殼**。然後以鹽、埃斯佩萊特辣椒粉和橄欖油**調味**。用庫納法細麵線將大蝦**裹住**。將炸油倒入一只平底鍋加熱，放入蝦子，每一面**煎炸** 1 分鐘。

擺盤

淋上一些摩洛哥堅果油即可**上桌**。

主廚建議

庫納法細麵線在一些中東食材香料店裡可以找得到。

掃描QR Code，讓廚師教你做：
https://www.youtube.com/watch?v=A1_QrOwBQ68

嫩煎鮭魚片佐四季豆

Pavé de saumon à l'unilatérale, étuvée de haricots verts

難度	份量	準備時間	烹煮時間
	6 人份	**20** 分鐘	**15** 分鐘

食材

• 蔬菜部分

2 根西洋芹

2 顆紅蔥頭

800 克四季豆

100 毫升橄欖油

6 小撮細鹽

• 鮭魚

6 片 **150** 克的鮭魚片

6 圈研磨胡椒（研磨胡椒罐轉 **6** 次）

6 小撮鹽之花

蔬菜

將西洋芹**削去**外層後**切薄片**，依照 16 頁的方法將紅蔥頭**削皮**並**切細**。依 14 頁的步驟將四季豆斜**切**備用。

在一只寬平底鍋中倒入一些橄欖油，放入紅蔥頭、西洋芹，加一小撮鹽**炒香**。接著加進四季豆，**倒入**高度一半的水，再加鹽**煮** 6 到 8 分鐘直到鍋裡的水分完全蒸散。

鮭魚（參照第 70 頁說明）

在加熱的平底鍋裡倒入一些橄欖油，將魚皮面朝下**放入**鍋中，以胡椒和鹽之花調味。以微火**加熱** 8 到 10 分鐘，不用翻面。

擺盤

將四季豆**置於**盤中央，魚片切兩半**放入**。**淋**上橄欖油即可**上桌**。

主廚建議

最好選用帶皮及鱗的魚片：這樣就能避免魚肉在加熱時受熱過度，也能做出熟度質地有層次變化的魚片。

鮪魚及鮭魚的握壽司和卷壽司
Sushis et makis de thon et de saumon

難度	份量	準備時間	烹煮時間	靜置
👨‍🍳👨‍🍳👨‍🍳	**6** 人份	**30** 分鐘	**15** 分鐘	**40** 分鐘

食材

• 米飯

600 克日本壽司米

660 毫升水

70 毫升米醋

20 克砂糖

5 克細鹽

• 握壽司和卷壽司

400 克藍鰭鮪魚菲力

400 克鮭魚菲力

3 片海苔

10 克日本芥茉醬

200 毫升醬油

米飯（**參照第 35 頁說明**）

備妥左側食材並依照 35 頁的步驟煮好米飯。

卷壽司

參考第 59 頁的說明，將鮪魚和鮭魚**切成**長 15 公分的條狀。將 ½ 片的海苔**置於**壽司竹簾上。先將手**沾溼**，然後把米飯和一些日本芥茉醬平鋪在海苔上。再**鋪**上魚，然後用雙手將海苔捲起。接著用沾濕的刀子將海苔壽司卷**切成** 6 份。

握壽司

先將魚**切成**薄片。雙手**沾濕**後將米飯放在手心中捏成**成形**。然後把日本芥茉醬**塗**在上面，再**鋪**上魚片即完成。

盤飾

卷壽司和握壽司可以沾醬油享用。

主廚建議

鋪米飯之前應避免在海苔上沾過多的水，以免捲壓時海苔破裂。

掃描QR Code，讓廚師教你做：
https://www.youtube.com/watch?v=-tqlhKW-XS8

食譜 -3-

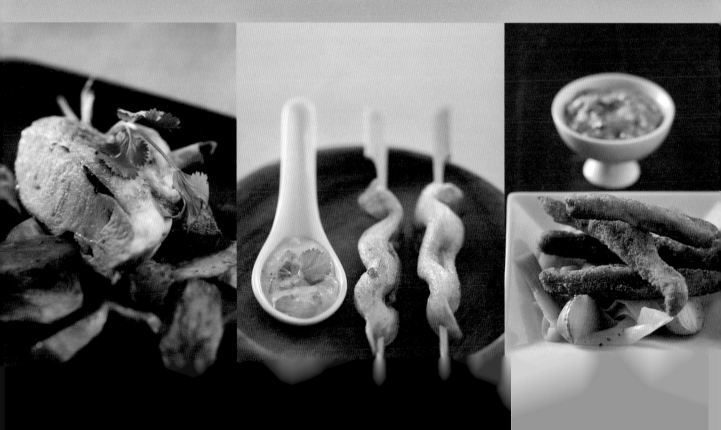

肉類

羊酪韃靼牛肉佐脆煎萵苣

Tartare de bœuf à la brousse, cœurs de sucrine poêlés

難度	份量	準備時間	烹煮時間
🍳	**6** 人份	**20** 分鐘	**2** 分鐘

食材

• 塔塔牛肉部分

2 顆紫洋蔥

1 把蝦夷蔥

3 顆酪梨

90 克黑橄欖

6 塊 **150** 克的牛肉

1 塊 **200** 克的綿羊乳酪

4 滴塔巴斯科紅辣椒醬（tabasco）

30 毫升橄欖油

4 小撮細鹽

4 圈研磨胡椒（研磨胡椒罐轉 **4** 次）

• 脆甜萵苣生菜

12 顆萵苣心

20 毫升橄欖油

2 小撮細鹽

2 圈研磨胡椒（研磨胡椒罐轉 **2** 次）

60 克帕瑪森乳酪

韃靼牛肉

依照 16 頁的方法將紫洋蔥**去皮**並**切碎**。再參考 17 頁的刀法將蝦夷蔥切碎。酪梨**切丁**（參考第 33 頁的步驟），然後黑橄欖也切丁。將牛肉**切**小丁或者是絞成肉末。

將所有食材倒入一個大碗裡，加進羊乳酪、塔巴斯科醬和橄欖油一起**攪拌**均勻。最後調味。

脆甜萵苣生菜

萵苣心視需要將外層的葉片**摘除**，縱**切**為二。在一只熱的平底鍋中倒進一些橄欖油，放入生菜，每面**煎** 1 分鐘，然後調味。

擺盤

先以圈模將韃靼牛肉**盛**入盤中，然後再將煎好的萵苣**置**於一旁，最後撒上一些乳酪屑。

主廚建議

盡量選用像是菲力或是臀肉等肉質軟嫩的部位。如果選用的是腹脇肉或是後腿肉這種非常美味但肉質較緊實的部位，就必須將肉切得更小塊。

掃描QR Code，讓廚師教你做：
https://www.youtube.com/watch?v=nc9g3MJVhFA

蒜香羊排佐紅椒

Carré d'agneau rôti à l'ail, compotée de poivrons rouges

難度	份量	準備時間	烹煮時間
	6 人份	**15** 分鐘	**20** 分鐘

食材

- 羊排

1 小把扁葉巴西里

6 塊帶 **3** 根肋骨的羊肋排

300 克豬油網紗

20 毫升橄欖油

½ 球蒜頭

- 紅甜椒

6 個紅甜椒

1 顆洋蔥

20 毫升橄欖油

幾小撮鹽之花

幾小撮細鹽

30 克松子

紅甜椒

烤箱**預熱** 220℃。將紅甜椒**洗淨削皮**，然後**切**成四瓣，削掉裡面白色的筋膜並去籽，**切細**。**摘掉**扁葉巴西里的葉子。洋蔥**去皮切細**。

羊排

將肋排多餘的脂肪**切除**，再將豬油網紗**平鋪**於砧板上，接著放上扁葉巴西里的葉子，再將肋排置於其上。將網紗**包覆**整個肋排備用。在一只熱的平底鍋中倒入橄欖油，將肋排微微**煎上色**。放入未去膜的蒜瓣（整顆）並加鹽調味。最後放入烤箱依肋排厚度烤 8 至 10 分鐘。取出前再用一些水將鍋底的**焦香精華溶出**。

紅甜椒（**參照第** 53 **頁說明**）

將橄欖油倒進炒鍋裡，**炒軟**洋蔥，接著放入紅甜椒和一小撮鹽之花，倒入食材高度一半的水量，加蓋煮 5 分鐘。打開鍋蓋後繼續加熱直到鍋中水分完全蒸散。調整味道並拌入松子。

擺盤

先在盤中利用圈模**擺**上紅甜椒，再**放置**肋排。

主廚建議

紅甜椒可用紅蔥頭來代替。也可以嘗試以不同的香草搭配羊肋排。

掃描QR Code，讓廚師教你做：
https://www.youtube.com/watch?v=dhzUeRXpFwM

芝麻牛肉佐時蔬
Wok de bœuf au sésame et légumes de saison

難度	份量	準備時間	烹煮時間
	6 人份	**15** 分鐘	**10** 分鐘

食材

6 片 **150** 克的牛肉

4 根紅蘿蔔

1 支帶葉洋蔥

100 克的荷蘭豆

20 毫升橄欖油

6 小撮細鹽

6 圈研磨胡椒（研磨胡椒罐轉 **6** 次）

200 克豆芽菜

10 克白芝麻

1 小撮鹽之花

30 毫升麻油

3 朵金蓮花

前置準備（參照第 87 頁說明）

烤箱參考第 87 頁的步驟將肉**切**成約 2 公分厚的肉丁。紅蘿蔔**削皮**後縱**切**為二，再切寬 0.2 公分的薄片。**剝**除帶葉洋蔥外層膜，然後將葉端**細切**成蔥花。荷蘭豆縱**切**成細條。

烹煮（參照第 53 頁說明）

先將炒鍋加熱，當鍋子夠熱時，**倒入**一湯匙的橄欖油，放入牛肉丁將每一面都**快速熱煎上色**，取出備用。

在同一只鍋裡**放入**紅蘿蔔和蔥，倒入一杯水，加鹽和胡椒後蓋上鍋蓋**加熱煮** 2 分鐘，讓之前煎肉後鍋底殘留的焦香精華溶進菜裡。接著**放入**豆芽菜和荷蘭豆，加鹽再煮 3 分鐘。

放進牛肉和芝麻後關火。以鹽之花和麻油調味。

擺盤

盛盤後用幾片金蓮花的花瓣，或是新鮮的香料草葉**妝點**菜餚，即可享用。

主廚建議

如果覺得肉塊煎得不夠香的話，可以多煎幾次。

掃描QR Code，讓廚師教你做：
https://www.youtube.com/watch?v=XMCiWOHvcZM

嫩鴨菲力佐薑橙蕪菁

Filets de canette et navets glacés à l'orange et au gingembre

難度	份量	準備時間	烹煮時間
👨‍🍳👨‍🍳	**6** 人份	**20** 分鐘	**30** 分鐘

食材

- 蕪菁

4 顆柳橙

20 克新鮮的薑

10 克芫荽籽

18 個蕪菁

- 鴨菲力

6 片嫩鴨菲力

50 克奶油

幾撮細鹽

20 克蜂蜜

6 小撮鹽之花

6 圈研磨胡椒（研磨胡椒罐轉 **6** 次）

蕪菁

將柳橙**外皮刨細屑**並**取汁**。用刀將生薑外層皮**削掉**後**細切**成薑末。芫荽籽用碾缽**碾碎**。蕪菁**去皮**後**切**成「半月形」或者小瓣（切出的蕪菁塊大小形狀要一致，加熱煮時熟度才會一樣）

將一半的奶油放入平底鍋加熱，將蕪菁**煎上色**，加鹽。然後**加入**蜂蜜、薑末和一半的橙汁。在蕪菁上蓋一張烤紙，**繼續加熱**直到蕪菁完全吸收湯汁。再續煮 10 到 15 分鐘，用刀子刺入蕪菁檢查熟度。

嫩鴨菲力（**參照第 82 頁說明**）

依照第 82 頁的步驟準備鴨肉。將鴨菲力帶較多油脂的那一面朝下**放入**冷鍋中，用大火**煎上色**。在鴨肉上撒鹽之花和研磨胡椒**調味**後續煮 4 到 5 分鐘。將鍋裡多餘的油脂倒出（油脂不要倒入水槽以免堵塞水管），將鴨菲力**翻面**再繼續**加熱煮** 4 分鐘。取出鴨肉備用。在平底鍋裡**放入**芫荽籽，撒入柳橙皮屑。倒入橙汁將鍋底焦香精華溶出，以微火煮 5 分鐘後加進剩下的奶油煮成濃醬汁再倒入煮熟的蕪菁裡，轉動鍋子讓蕪菁表面形成一層晶亮的光澤（第 54 頁的技巧）。

擺盤

將嫩鴨菲力切片。把蕪菁排擺在盤裡，再將鴨菲力置於其上，最後淋上醬汁。

主廚建議

也可以先將鴨皮那一面煎 3 分鐘至表面上色，另一面的鴨肉煎 1 分鐘，然後放入烤箱以 200℃的溫度烤 4 到 6 分鐘。需要事先準備這道菜的話可以用這個方法。

掃描QR Code，讓廚師教你做：
https://www.youtube.com/watch?v=zRURxJ7KYEs

蒜香小牛腹脇肉排佐香煎雞油菇

Tendron de veau au jus aillé et aux girolles poêlées

難度	份量	準備時間	烹煮時間
👨‍🍳👨‍🍳	**6** 人份	**20** 分鐘	**1** 小時 **30** 分鐘

食材

600 克雞油菇

4 根帶葉洋蔥

1 根紅蘿蔔

¼ 把細葉芹

40 毫升橄欖油

6 塊 **200** 克的小牛腹脇肉排

50 克奶油

1 束法國香草束

100 毫公升干白酒

200 毫升水

6 小撮細鹽

6 圈研磨胡椒（研磨胡椒罐轉 **6** 次）

蒜瓣

雞油菇

烤箱**預熱** 180℃。用刀尖先將菇蒂稍微**刮**乾淨，在清水下沖**洗**但不浸泡，然後瀝乾。將帶葉洋蔥的外膜**剝除**後**切細**。紅蘿蔔**削皮**後**切塊**。將細葉芹洗淨後擦乾切碎（參考第 17 頁的步驟）。

在已加熱的平底鍋裡倒進一些橄欖油，將雞油菇**炒香** 3 分鐘，然後盛出雞油菇（將炒菇後的湯汁另置一旁備用）。

在同一只平底鍋裡放入 20 克奶油加熱，再將雞油菇倒入煎炒 3 到 4 分鐘使之**上色**，然後**加進**一半的帶葉洋蔥。以鹽和胡椒調味，繼續加熱 1 分鐘。最後**加進**細葉芹即完成。

醬汁（第 96 頁技巧的變化）

小牛醬汁的做法請參照第 96 頁。在已經加熱了的平底鍋裡倒進一些橄欖油，放入小牛腹脇肉排並將每一面都**煎上色**。**加進** 30 克的奶油將每一面各煎 5 分鐘。**放入**大蒜，香草束的百里香、月桂葉、紅蘿蔔和切細的帶葉洋蔥。**加熱** 4 分鐘後將肉排和調味香料取出備用。將鍋裡多餘的油**倒出**後，倒入白酒將鍋底的焦香精華溶出。然後**加入**水加熱 3 分鐘。

小牛腹脇肉排

將肉排、調味香料和醬汁一起**放入**一個可以進烤箱的容器中。**放入烤箱**以 180℃烤 1 個小時。記得要不時將肉排翻面。烤好後將肉排自烤箱**取出**，**過濾**醬汁並將肉排**保溫**。將肉排醬汁倒入一只湯鍋裡，**加熱至沸騰**後**倒入**炒雞油菇的汁，繼續加熱讓醬汁**濃縮**成淋醬。

擺盤

在盤裡**擺上**小牛腹脇肉排和雞油菇，然後再**澆淋**上醬汁。

主廚建議

如果沒有小牛腹脇肉排的話，可以選用小牛膝肉來代替。

掃描QR Code，讓廚師教你做：
https://www.youtube.com/watch?v=4FnlVr-8aBQ

香煎芫荽禽胸佐朝鮮薊

Volaille à la coriandre et aux artichauts

難度	份量	準備時間	烹煮時間
👨‍🍳👨‍🍳	**6** 人份	**20** 分鐘	**1** 小時 **30** 分鐘

食材

• 朝鮮薊

1 顆黃檸檬

12 顆卡姆（camus）品種的朝鮮薊

30 毫升橄欖油

5 小撮細鹽

150 毫升的水

6 圈研磨胡椒（研磨胡椒罐轉 **6** 次）

• 禽胸肉

6 片野放雞鴨等禽類的胸肉

6 支新鮮的芫荽

30 毫升橄欖油

1 小撮的細鹽

朝鮮薊（參照第 30 頁說明）

請參照第 30 頁切朝鮮薊的步驟，將朝鮮薊切成薄塊。

在熱的炒鍋裡倒入一些橄欖油，放入朝鮮薊**炒**一下，**加些鹽**炒到上色。接著加水，煮到水份完全蒸散後加蓋再**續煮** 3 分鐘。以鹽或胡椒調一下味。

禽胸肉（參照第 90 頁說明）

將皮稍稍**撥開**，在皮下層與肉之間**塞入**幾片新鮮的芫荽葉。在熱鍋裡倒入一些橄欖油，將胸肉帶皮的那一面下放入鍋裡**煎上色**。在胸肉上撒一小撮細鹽**調味**。當煎上色後將胸肉**翻面**並將火關小，蓋上一張鋁箔紙。再以文火**加熱** 8 到 10 分鐘。

擺盤

將朝鮮薊和胸肉**盛入**盤中再撒上芫荽葉即完成。

主廚建議

可以用一杯白酒取代水來煮朝鮮薊：不但風味更佳而且朝鮮薊呈色會較白。

咖哩雞肉佐豆蔻香米
Curry de volaille minute, riz basmati à la cardamome

難度	份量	準備時間	烹煮時間	靜置
👨‍🍳👨‍🍳	**6** 人份	**15** 分鐘	**15** 到 **20** 分鐘	**10** 分鐘

食材

• 香米

350 克印度香米

3 個綠豆蔻莢

1 個八角

6 小撮細鹽

• 咖哩雞肉

1 顆洋蔥

1 個蘋果

6 支 **240** 克的雞腿

20 克麵粉

20 毫升橄欖油

40 克青葡萄乾

40 克杏仁薄片

100 毫升無糖椰奶

200 毫升全脂液態鮮奶油

10 克咖哩

5 克薑黃粉

1 克辣椒膏

10 毫升檸檬汁

1 支新鮮芫荽或巴西里

香米（參照第 36 頁說明）

依照第 36 頁的步驟，並在煮飯時加進豆蔻和八角。

咖哩禽肉

依照第 16 頁的方法將洋蔥**去皮**並**切碎**。將蘋果**切**成小丁。雞腿**去骨**：先將雞腿骨取出，再將連在關節處的雞肉切下。把腿肉**切成塊，調味**並**沾裹麵粉**。

香煎雞肉的方法可以參考第 90 頁，先將平底鍋燒熱，溫度夠高時倒入一些橄欖油，再放入雞肉**煎上色**。**翻面**後**加**進洋蔥、蘋果、葡萄乾、杏仁薄片和椰奶及鮮奶油。接著**加**進香料（咖哩和薑黃），然後加熱煮 6 分鐘（視需要可加些水）。**放**一點辣椒膏提味，最後起鍋前**加**幾滴檸檬汁。

擺盤

把米飯**盛**入深盤裡，中央**放**上雞肉，再**澆淋**醬汁。最後撒一些巴西里或芫荽葉**作裝飾**即完成。

主廚建議

也可以選用胸肉來代替腿肉縮減烹煮的時間。

掃描QR Code，讓廚師教你做：
https://www.youtube.com/watch?v=d80oRkFDb8Y

香炙蜜汁鴨胸佐芝麻菜薯泥

Magret de canard rôti et laqué au miel épicé, purée au pesto de roquette

難度	份量	準備時間	烹煮時間
👨‍🍳👨‍🍳	**6** 人份	**15** 分鐘	**25** 分鐘

食材

• 薯泥

500 克夏洛特品種的馬鈴薯

10 克粗鹽

200 克芝麻菜

20 克松子

30 克帕瑪森乳酪

1 顆蒜瓣

150 毫升橄欖油

100 毫升全脂液態鮮奶油

4 小撮細鹽

6 圈研磨胡椒（研磨胡椒罐轉 **6** 次）

• 禽肉

3 塊鴨胸肉

2 小撮細鹽

20 克蜂蜜

3 克甘草粉

3 克薑粉

5 克五香粉

薯泥（**參照第 42 頁說明**）

馬鈴薯**削**皮後粗**切**成塊，放入鍋中冷水裡。接著加鹽並開火加熱至沸騰。繼續滾**煮** 10 分鐘。將芝麻菜放入食物調理機，並加進松子、帕瑪森乳酪、大蒜（去皮及芽）和橄欖油**攪打**成膏狀（第 27 頁的技巧）。馬鈴薯煮熟後以打蛋器攪**壓**成泥，然後**加**入液態鮮奶油和芝麻菜醬，最後調味。

鴨胸肉（**參照第 82 頁說明**）

將烤箱預熱 220℃。參考第 82 頁的步驟準備禽肉。將胸肉的**筋膜切除**，皮的表面**劃切**幾刀，然後撒些細鹽**調味**。把肉**放入**已經加熱的不鏽鋼平底鍋裡。先將皮的那一面**煎上色**，再翻面。每一面煎約 2 分鐘。把肉**取出**，將鍋內**多餘的油倒出**，然後倒入一杯水把**鍋底焦香精華溶出**（參考第 92 頁的技巧）。接著加進蜂蜜和香料，繼續加熱**收汁**。將濃醬汁**沾塗**在鴨胸肉上，然後將鴨胸放入烤箱以 220℃烤 8 分鐘。

擺盤

將鴨胸肉切半成一人份，**擺入盤中**，然後將芝麻菜薯泥壓實成形置於一旁**做**配菜。

主廚建議

這款芝麻菜濃醬也可以用來搭配義大利麵。視需要可在濃稠的膏醬中調些冷水讓它變稀。

掃描QR Code，讓廚師教你做：
https://www.youtube.com/watch?v=5vnWo8uBbZU

蜜醬豬肉佐大白菜及荷蘭豆

Sauté de porc au miel et soja, chou chinois et pois gourmands

難度	份量	準備時間	烹煮時間
	6 人份	**15** 分鐘	**15** 分鐘

食材

• 豬肉

800 克腰內肉（小里肌）

• 配菜

1 顆洋蔥

200 克荷蘭豆

2 顆大白菜

50 毫花生油

6 小撮細鹽

10 克蜂蜜

20 毫升醬油

6 圈研磨胡椒（研磨胡椒罐轉 **6** 次）

豬肉（**參照第** 83 **頁說明**）

將肉**切**成邊長 2 公分的小肉丁。鍋中油熱後倒入肉丁將每面煎上色，撒鹽調味。將肉取出備用。

配菜

依照第 16 頁的作法，將洋蔥**削去**外層皮膜後**切**絲。至於蔬菜的切法請參考第 14 頁的刀工。將荷蘭豆切細長條，大白菜先縱**切** 4 份，再**細切**成條狀。依照第 53 頁的步驟將洋蔥絲**放入**炒鍋裡**炒軟**，接著**加入**蜂蜜和醬油**溶出鍋底焦香**。當鍋中汁液加熱濃縮至一半時，**放入**大白菜、荷蘭豆，然後以鹽和胡椒**調味**。**放入**肉丁**蓋**上鍋蓋加熱幾分鐘。將菜盛出時**瀝掉多餘湯汁**，**趁熱享用**。

主廚建議

配菜裡可再加上豆芽、紅蘿蔔薄片，起鍋前也可以放幾顆罌粟籽。

掃描QR Code，讓廚師教你做：
https://www.youtube.com/watch?v=Y-KYJ5e9sdU

莫札瑞拉小牛肉捲佐蜜醬小番茄

Saltimboccas de veau à la mozzarella, tomates cerise au miel

難度	份量	準備時間	烹煮時間
🍳🍳	**6** 人份	**15** 分鐘	**10** 分鐘

食材

• 小牛肉捲

1 塊莫札瑞拉乳酪

6 片小牛後腿肉片

6 小撮細鹽

6 圈研磨胡椒（研磨胡椒罐轉 **6** 次）

6 片義大利帕馬生火腿

½ 小把香料用鼠尾草

30 毫升橄欖油

30 毫升干白酒

• 配菜

100 克蜂蜜

5 克白芥子

5 克芫荽子

5 克花椒

2 個綠豆蔻莢

300 克小番茄

30 毫升蕃茄醋

小牛肉捲

將莫札瑞拉乳酪**切**成 6 份。將小牛肉片**鋪平**，依照 84 頁將肉片**搥打**一下，然後**加鹽**和**胡椒**。在每片肉上放一片火腿，一塊莫札瑞拉乳酪，一片鼠尾草葉然後將肉片**捲起**。以木籤插入**固定**住肉捲。

在平底鍋中**倒入**一些橄欖油，當油燒熱後，放入肉捲將每面**煎上色**，然後把火關小，繼續煎 4 到 5 分鐘。接著將鍋子離火，肉捲取出保溫。倒入白酒將**鍋底焦香溶出**，繼續加熱收汁，最後把醬汁淋在肉捲上。

配菜

在另一只平底鍋裡**倒入**蜂蜜和所有香料，接著加熱煮至**焦糖化**。放入小番茄**加熱** 4 到 5 分鐘，最後倒入蕃茄醋將**鍋底焦香溶出**。

擺盤

將肉捲和蜜醬番茄一起盛盤即可**上桌**。

主廚建議

也可以用羅勒來代替鼠尾草葉。蕃茄醋是用番茄純釀製而成的醋。如果沒有的話可以用巴薩米克醋來代替。

掃描QR Code，讓廚師教你做：
https://www.youtube.com/watch?v=v7NiUoy6nS0

烤雞佐香煎奶油洋芋
Volaille rôtie, grenaille au beurre salé

難度	份量	準備時間	烹煮時間
	6 人份	**15** 分鐘	**1** 小時 **20** 分鐘

食材

• 雞鴨禽類

1 隻放山雞（**1.5** 公斤）

6 克粗鹽

1 顆蒜瓣

1 片月桂葉

25 克含鹽奶油

20 毫升橄欖油

• 配菜

5 顆蒜瓣

20 毫升橄欖油

75 克含鹽奶油

1 公斤的小馬鈴薯

1 束法國香草束（請參第 **24** 頁編註）

3 克黑胡椒

雞鴨禽類

烤箱**預熱** 200℃。在雞身內放入粗鹽、一顆蒜瓣、一片月桂葉**調味**，然後將雞身**縫綁**（第 78 頁）固定，或是使用烹調用彈性繩綁好。將雞腳部位以鋁箔紙**包覆**以免烤的過程焦掉。在雞背上**塗抹**呈軟膏狀的奶油，烤盤裡倒一些橄欖油，接著將雞側面朝下**放入**烤盤。

放入烤箱以 200℃ 烤 15 分鐘，然後取出**換另一側邊**烤 15 分鐘。**最後**將雞背朝下，**擺**好後繼續烤 20 分鐘即可。烤的過程中要不斷地反覆**淋**油以免肉質過乾。

配菜

準備好未去膜的大蒜（整顆）。在一只鑄鐵鍋裡淋上一些橄欖油，放入奶油、馬鈴薯、大蒜、香草束和幾顆胡椒粒。以小火加熱**煎煮** 30 分鐘並不時翻動。

擺盤

切烤雞，先**切**雞腿，然後再將雞腿**切**成兩段，**片下**雞胸再**切**薄片。把雞肉**擺入**一個焗烤盤中，接著**放**進奶油洋芋，**淋上**烤汁。

主廚建議

也可以將馬鈴薯和 50 克的奶油放入烤盤和雞一起烤：馬鈴薯會藉著雞汁慢慢烤熟。
也可以將馬鈴薯放入水中加熱煮 10 分鐘然後再取出用平底鍋或是鑄鐵鍋煎香。

掃描QR Code，讓廚師教你做：
https://www.youtube.com/watch?v=VwUN83q3B_w

香脆雞柳佐塔塔醬
Poulet croustillant, sauce tartare

難度	份量	準備時間	烹煮時間
👨‍🍳👨‍🍳	**6** 人份	**30** 分鐘	**20** 分鐘

食材

• 配菜

300 克小馬鈴薯

20 克粗鹽，**6** 根韭蔥

200 克綜合沙拉葉

• 塔塔醬

30 克酸豆，½ 把扁葉巴西里

30 克酸黃瓜

6 根帶葉洋蔥

1 個蛋黃，**20** 克法式芥末醬

250 毫升花生油

4 小撮細鹽

4 圈研磨胡椒（研磨胡椒罐轉 **4** 次）

• 雞肉

3 片雞胸肉，**3** 顆蛋

2 小撮細鹽

2 圈研磨胡椒（研磨胡椒罐轉 **2** 次）

100 克麵粉

200 克麵包粉

150 毫升花生油

• 芥末油醋醬

20 克芥末醬

幾撮細鹽

幾撮胡椒

15 毫升的醋，**50** 毫升油

配菜

將馬鈴薯**切**半並用清水仔細沖過。放入深鍋裡加冷水到食材的高度，放入粗鹽，加熱至**沸騰**後續煮 5 到 10 分鐘。取出瀝乾備用。

將韭蔥**洗淨**後縱**切**為四份，再將韭蔥切成細長條，放入一大鍋加了鹽並煮滾的沸水裡**煮** 5 分鐘。撈出瀝乾備用。

塔塔醬

將酸豆，酸黃瓜和巴西里**切碎**（第 17 頁的技巧），再將帶葉洋蔥**切**細碎（第 16 頁的技巧）。置於一旁備用。備妥左側食材後，依照第 26 頁的步驟**製作**法式美乃滋醬。

加進所有的調味配料，**攪拌**均勻，調味備用。

雞柳

將雞胸肉**切**細條，依照 85 頁的步驟及左側的食材，將雞柳**沾粉**。在一只熱平底鍋中倒進一些花生油，將雞柳**煎上色**。

芥末油醋醬

備妥左側食材並依照第 25 頁的方法製作法式芥末油醋醬。

擺盤

將雞柳、韭蔥和馬鈴薯**放**入盤中，**淋**上油醋芥末醬，並將塔塔醬盛入另一個小碟中即完成。

主廚建議

這道菜餚可事先準備，上桌前放入烤箱以 150℃加熱 5 分鐘即可。

掃描QR Code，讓廚師教你做：
https://www.youtube.com/watch?v=QTJevPUOJ-c

馬來西亞雞肉串佐沙嗲醬
Brochettes de poulet malaisiennes et sauce satay

難度	份量	準備時間	烹煮時間	靜置
	6 人份	**15** 分鐘	**10** 分鐘	**10** 分鐘

食材

- **雞鴨禽類**

4 片雞胸肉（**150** 克）

10 克新鮮生薑

50 毫升葵花油

8 克薑黃粉

10 克砂糖

1 根香茅

- **沙嗲醬**

10 克新鮮生薑

100 毫升無糖椰奶

3 克辣椒膏

100 克花生醬

¼ 把新鮮芫荽

雞肉

將雞胸肉縱**切**為細長條。

醃肉醬汁

將生薑**去皮**並**切**碎末。在一只大碗裡把薑末、油、薑黃粉、糖和切細碎的香茅末**拌勻**。

參考第 88 頁的步驟準備雞肉串。用竹籤將雞柳**穿刺**好固定。再用刷子沾取醃醬**塗抹**在雞肉上。**醃漬** 20 分鐘。

沙嗲醬

在一只鍋裡**放**入薑末，**倒**進椰奶、辣椒膏和花生醬。加熱至**沸騰**，起鍋前**加**進切碎的新鮮芫荽葉。

煎烤

可以用烤架**烤**雞肉串，或在平底鍋裡倒進少量的油煎。煎烤熟後和沙嗲醬一起立即**享用**。

主廚建議

也可以用牛肉來代替雞肉。

索引

技巧 Techniques

食譜 Recettes

中法料理詞彙對照

Chemise (en) 保留外膜
保留大蒜等辛香料食材的外膜，這樣可以避免食材加熱時所散發的辛香味過重。

Chemiser 在模具內面塗奶油
在模具內面塗一層奶油或鋪烤紙，以利脫膜。

Ciseler 細切
將食材切成細末，通常是切調味香料草時所用的刀法。

Clarifier 分離出清澈的流質
將奶油融化後的乳漿和乳脂分開，只留下澄清的乳脂。
把蛋黃、蛋白分開。

Coagulation 凝化
蛋白質因受熱所產生的變化。這裡指的是乳類，蛋類等由原先的流質態，漸漸凝固形成乳酪、白煮蛋的過程。

Concasser 碎切
用刀粗略碾切。

Décanter 沉澱
利用靜置沉澱的方式將液體中的兩種物質分離。

Déglacer 將焦香精華溶進汁液裡
將酒倒入（已取出加熱食材的）熱鍋中，使鍋底的焦香精華溶進汁液裡。這是製作醬汁時的第一個步驟。

Dégorger 使食材中的雜質釋出
將食材置於水龍頭下，以水流使食材中雜質釋出。

Dégraisser 倒掉多餘的油脂
加熱烹煮食材後將鍋裡多餘的油脂倒掉，不用換洗鍋子即可接著熬煮醬汁。

Dénerver 切除筋膜
將豬牛羊等或禽類某些部位肉裡的筋膜切除。

Dépouiller 撈掉雜質或去魚皮
以勺子將醬汁裡的雜質撈出。
切除魚片上的魚皮。

Dessécher 蒸散水份
加熱泡芙麵糊或是馬鈴薯泥，使得裡面的水分蒸散，增加黏稠度。

Ecumer 撈除浮沫
將液體（如鮮奶油蛋黃醬、醬汁底、汆燙的食材）表面形成的浮沫撈除。

Emincer 薄切
將蔬菜，水果切成大小一致的細條或薄片。

Foisonner 打發膨脹
把空氣攪打進濃稠的糊或醬裡形成像慕斯般的質地，並使體積增大膨脹。

Glacer 將食材外層加熱成晶亮面
利用開放式上層加熱器(salamandre)將富含油脂成分的濃醬汁加熱，使表層上色。
將煎烤過的肉表層包覆上一層晶亮的醬色。
把蔬菜（譯註：通常是根莖類）放入少量加了奶油、糖、鹽的水中慢慢加熱，使得食材表面覆上晶亮的外觀。

Inciser 切劃
在禽類或魚類的表面劃上幾刀，使得烹煮時熱度容易進入肉層裡。

Julienne 切絲
切成細條。

Parer 剔除
將食材或是餅乾不美觀、多餘的或有雜質的部分剔除。

Poche à douille 擠花袋
是一種能裝入各類濃醬、麵糊等稠狀半流質體的三角錐形袋子。使用前先將尖端剪出一個小開口，搭配各種不同形狀的擠花嘴後即可使用。

Pocher 汆燙
是一種利用熱液體慢慢烹煮食材的方法。（譯註：法式汆燙用的是加了香料及調味料後的湯汁，在微滾的溫度下將食物慢慢燙熟。）

Réduire 收汁
加熱醬汁、醬汁底、或是液體，使當中的水份蒸散出一部分，讓味道更濃郁。

Saisir 快速煎上色
讓食材接觸溫度很高的油脂，使表面快速上色。

Sucs 鍋底焦香精華
肉類或魚類在加熱之後黏附在鍋底的焦香物質。

Suer 炒香
讓食材接觸熱油脂並加熱，使當中不好的氣味消散，留下能溶於油脂中的芳香物質。

法國饗宴的閱讀提案

道地的法國美食不假外求，遵照大師們的料理步驟
在家也能輕鬆做出令人激賞的經典菜色！

在家親手做鑄鐵鍋料理
COCOTTES & mijotés

史蒂梵・拉殼思 Stéphan Lagorce——著
李雪玲——譯

最懂得使用鑄鐵鍋的法國人
教你製作原汁原味的法國家庭料理

在法國，鑄鐵鍋是幾乎家家戶戶必備的廚房道具，甚至有婆婆將自己的鍋具致贈給媳婦，女兒繼承母親甚至祖母老鍋具的習慣。在這本書中，收錄了多達75道做法簡單、在法國當地家喻戶曉的傳統美食，如：燉雞湯、燴羊肉、煨甘藍菜等。若你希望在法式料理之外融入個人獨特風格，那麼在「異國風味佳餚」和「別出心裁的新鮮料理」兩章中，讀者將可驚艷發掘到諸如：炖淡菜、蛤蜊或蜜汁胡蘿蔔等菜色。為了讓你輕鬆完成所有這些食譜，本書一開頭即以圖解授予眾多技巧的說明和介紹。

在家親手做法式醬料
SAUCES, chutney & marinades

湯瑪斯・費勒 Thomas Feller——著
蘇瑩文——譯

法式料理的精隨所在
足以決定風味好壞的重要關鍵
完整提供100個專家級
冷盤、熟食醬汁配方、作法及使用訣竅

從伯那西醬、美乃滋、無花果甜酸醬、椰漿綠檸檬調味醬一路介紹到巧克力醬，本書囊括了85道佐餐及調味醬汁的作法，以及製作高湯及冷熱醬汁的操作技巧。食譜中提供的每個訣竅和建議，都可以幫助您驕傲地宣告：「這道醬汁是我的傑作！」

醬汁，是法式料理的精隨。自己下廚不但能讓您和親友分享健康又均衡的佳餚，更能確保風味、價格和材料的來源，讓品質與生活樂趣完美結合！

國家圖書館出版品預行編目 (CIP) 資料

巴黎 No.1 烹飪教室的經典料理教科書：71 個現學現用的
廚房技法╳36 道為你贏得讚美的人氣菜色 / 廚神坊作；
蔣國英譯・ —— 初版・ —— 新北市：遠足文化，2016.07
—— (Master；16)
譯自：Le grand cours de cuisine de l'Atelier des chefs
ISBN 978-986-93281-1-1（平裝）
1. 烹飪 2. 食譜

427.12   105009792

MASTER 16
Le Grand Cours de Cuisine de l'Atelier des Chefs

巴黎 No.1 烹飪教室的經典料理教科書
71 個現學現用的廚房技法╳36 道為你贏得讚美的人氣菜色

作者	廚神坊 (L'atelier des Chefs)
譯者	蔣國英
總編輯	郭昕詠
責任編輯	王凱林
編輯	徐昉驊、陳柔君、賴虹伶
通路行銷	何冠龍
封面設計	霧室
排版	健呈電腦排版股份有限公司
社長 發行人兼 出版總監	郭重興 曾大福
出版者	遠足文化事業股份有限公司
地址	231 新北市新店區民權路 108-2 號 9 樓
電話	(02)2218-1417
傳真	(02)2218-1142
電郵	service@bookrep.com.tw
郵撥帳號	19504465
客服專線	0800-221-029
部落格	http://777walkers.blogspot.com/
網址	http://www.bookrep.com.tw/
法律顧問	華洋法律事務所　蘇文生律師
印製	成陽印刷股份有限公司
電話	(02)2265-1491

初版一刷　2016 年 7 月
Printed in Taiwan

Le Grand Cours de Cuisine de l'Atelier des Chefs © Hachette-Livre (Hachette Pratique) 2013.
Complex Chinese édition arranged through Dakai Agency Limited